BestMasters

Mit „BestMasters" zeichnet Springer die besten Masterarbeiten aus, die an renommierten Hochschulen in Deutschland, Österreich und der Schweiz entstanden sind. Die mit Höchstnote ausgezeichneten Arbeiten wurden durch Gutachter zur Veröffentlichung empfohlen und behandeln aktuelle Themen aus unterschiedlichen Fachgebieten der Naturwissenschaften, Psychologie, Technik und Wirtschaftswissenschaften. Die Reihe wendet sich an Praktiker und Wissenschaftler gleichermaßen und soll insbesondere auch Nachwuchswissenschaftlern Orientierung geben.

Springer awards "BestMasters" to the best master's theses which have been completed at renowned Universities in Germany, Austria, and Switzerland. The studies received highest marks and were recommended for publication by supervisors. They address current issues from various fields of research in natural sciences, psychology, technology, and economics. The series addresses practitioners as well as scientists and, in particular, offers guidance for early stage researchers.

Weitere Bände in der Reihe http://www.springer.com/series/13198

Marco Wollenburg

Neuartige Carbenliganden für die selektive Hydrierung von Aromaten

Synthese von Carben–Metall-Komplexen für die katalytische Aromatenhydrierung

Mit einem Geleitwort von Prof. Dr. Frank Glorius

 Springer Spektrum

Marco Wollenburg
FB Chemie und Pharmazie
Westfälische Wilhelms-Universität Münster
Münster, Deutschland

ISSN 2625-3577 ISSN 2625-3615 (electronic)
BestMasters
ISBN 978-3-658-24607-5 ISBN 978-3-658-24608-2 (eBook)
https://doi.org/10.1007/978-3-658-24608-2

Die Deutsche Nationalbibliothek verzeichnet diese Publikation in der Deutschen National-bibliografie; detaillierte bibliografische Daten sind im Internet über http://dnb.d-nb.de abrufbar.

Springer Spektrum
© Springer Fachmedien Wiesbaden GmbH, ein Teil von Springer Nature 2019

Springer Spektrum ist ein Imprint der eingetragenen Gesellschaft Springer Fachmedien Wiesbaden GmbH und ist ein Teil von Springer Nature
Die Anschrift der Gesellschaft ist: Abraham-Lincoln-Str. 46, 65189 Wiesbaden, Germany

Geleitwort

Herr Marco Wollenburg hat seine Masterarbeit zum Thema *„Synthese und Evaluierung neuartiger Carbenliganden für die (enantio)selektive Hydrierung von Aromaten"* erfolgreich in meiner Arbeitsgruppe durchgeführt.

Marco Wollenburg hat während seiner Masterarbeit an drei schwierigen Themen gearbeitet. Im Fokus von zwei dieser Projekte stand dabei die Entwicklung neuer bzw. verbesserter N-heterocyclischer Carbene (NHCs) als Liganden für die (enantioselektive) Aromatenhydrierung. Zum einen stellte Marco Wollenburg zwei elektronisch variierte NHC-Liganden her, die von unserem Erfolgsliganden SINpEt abgeleitet sind. Die Synthese war aufwendig und schließlich erfolgreich. Leider zeigten die aus den Liganden erzeugten Katalysatoren unter Standardbedingungen und bei in situ-Komplexbildung keinerlei Hydrieraktivität, was vermutlich an Problemen der Komplexbildung liegt. Hier muss nun sorgfältig analysiert und eine Komplexsynthesemethode gefunden werden. In einem anderen Projekt wollte Herr Wollenburg aktivere und chemoselektivere Rhodium-basierte Komplexe für die Aromatenhydrierung herstellen, insbesondere durch neue CAAC- und CAArC-Liganden. Hierbei konnten einige Liganden und Komplexe hergestellt werden. Leider ergab sich in der Hydrierung von Chloraromaten (Hauptproblem ist dabei die Abspaltung des Chlorids durch Protodehalogenierung) bisher keine Verbesserung. Diese Arbeiten erscheinen trotzdem vielversprechend und werden fortgeführt werden.

Erfolgreichster Projektteil ist die asymmetrische Hydrierung von 4-substituierten 2-Oxazolonen, die einen attraktiven Zugang zu wichtigen Oxazolidinonmotiven darstellt. Hierbei konnten in einer Mehrstufensequenz 12 Substrate hergestellt werden. Erfreulicherweise wurden in der Hydrierung hohe Enantiomerenüberschüsse erhalten. Somit stellt dieses Verfahren eine Route zu natürlichen und unnatürlichen Aminosäurederivaten dar. Diese Ergebnisse wurden bereits in einer angesehenen chemischen Fachzeitschrift (*Chemical Science*) publiziert.

Umfang und Qualität der vorliegenden Arbeit sind auf höchstem Niveau und Marco Wollenburg hat jedes der Kapitel jeweils mit einer schönen, klar formulierten Einleitung versehen. Im Ergebnis resultiert eine wissenschaftlich exzellente, spannende und gut lesbare Masterarbeit.

Prof. Dr. Frank Glorius
Organisch-Chemisches Institut
Westfälische Wilhelms-Universität Münster

Inhaltsverzeichnis

Abkürzungsverzeichnis

Ac	Acetyl
Ad	1-Adamantyl
Ar	Aryl
Äquiv.	Äquivalente
BAr^F	Tetrakis[3,5-bis-(trifluoromethyl)phenyl]borat
Bn	Benzyl
Bu	Butyl
CAAC	Cyclisches (Amino)(Alkyl) Carben
CAArC	Cyclisches (Amino)(Aryl) Carben
COD	1,5-Cyclooctadien
cPent	Cyclopentyl
Cy	Cyclohexyl
DFT	Dichtefunktionaltheorie
Dipp	Diisopropylphenyl
DMF	N,N-Dimethylformamid
DMSO	Dimethylsulfoxid
d.r.	Diastereomerenverhältnis
EDG	elektronenschiebende Gruppe
ee	Enantiomerenüberschuss
ESI	Elektrosprayionisation
Et	Ethyl
EWG	elektronenziehende Gruppe
GC	Gaschromatographie
HOMO	höchstes besetztes Molekülorbital
HPLC	Hochleistungsflüssigkeitschromatographie
IAd	1,3-Diadamantylimidazol-2-yliden
iPent	iso-Pentyl
iPr	iso-Propyl
J	Kopplungskonstante
KHMDS	Kaliumhexamethyldisilazid
LDA	Lithiumdiisopropylamid
LG	Abgangsgruppe
LUMO	niedrigstes besetztes Molekülorbital
Me	Methyl
Mes	Mesityl
Mol-%	Molprozent
MS	Massenspektrometrie

NHC	N-Heterocyclisches Carben
NMR	Kernspinresonanzspektroskopie
Ph	Phenyl
PMB	*para*-Methoxybenzyl
R	Rest
RT	Raumtemperatur
rac	racemisch
R_f	Retentionsfaktor
*t*Bu	*tert*-Butyl
TEP	Tolman electronic parameter
TBS	*tert*-Butyldimethylsilyl
Tf	Triflyl
THF	Tetrahydrofuran
TLC	Dünnschichtchromatographie
TON	Turnover Number
t_R	Retentionszeit
V_{bur}	buried Volume

1 Synthese neuartiger Carbene

1.1 N-Heterocyclische Carbene – Struktur und Eigenschaften

Als Carbene werden neutrale Verbindungen mit Elektronensextett an einem divalenten Kohlenstoffatom bezeichnet. Aus sechs Valenzelektronen und zwei Bindungen resultiert ein freies Elektronenpaar am Carbenkohlenstoffatom. Die Elektronenkonfiguration und die Energie der Grenzorbitale legen die Geometrie am Kohlenstoffatom fest (Abbildung 1). Die lineare Form (**I**), die einen Extremfall darstellt, besitzt ein *sp*-hybridisiertes Carbenkohlenstoffatom mit zwei entarteten nicht bindenden *p*-Orbitalen (p_x, p_y). Die beiden nicht bindenden Elektronen besetzen jeweils ein *p*-Orbital mit parallelem Spin, sodass ein Triplettcarben resultiert. Häufiger sind gewinkelte Formen (**II**, **III**) mit einem sp^2-hydridisierten Carbenkohlenstoffatom. Hierbei bleibt die energetische Lage eines *p*-Orbitals, das nun als p_π-Orbital bezeichnet wird, nahezu unverändert, während das neu gebildete sp^2-Hybridorbital, nun σ-Orbital genannt, durch den erhöhten *s*-Charakter eine Stabilisierung erfährt.[1]

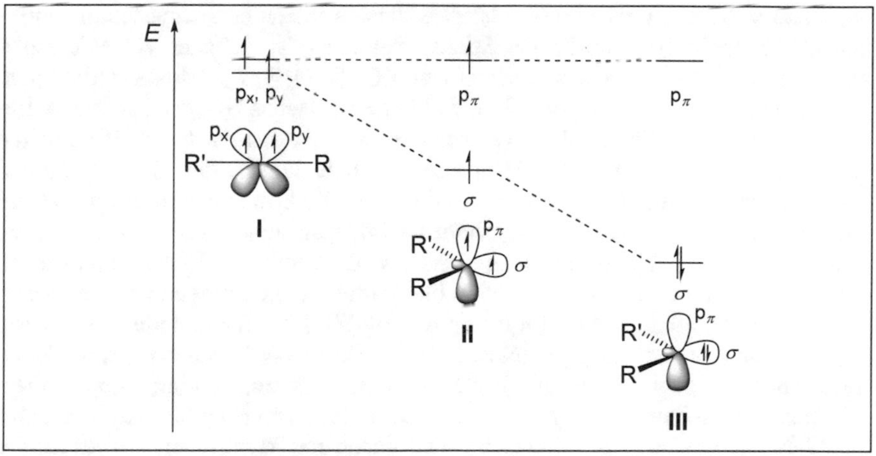

Abbildung 1: Elektronenkonfiguration und Grenzorbitale von Carbenkohlenstoffatomen. **I**: lineares Triplettcarben, **II**: gewinkeltes Triplettcarben, **III**: gewinkeltes Singulettcarben.

Die beiden nicht bindenden Elektronen können die beiden leeren Orbitale (p_π, σ) einfach mit parallelem Spin (**II**, Triplettgrundzustand) oder nur das

© Springer Fachmedien Wiesbaden GmbH, ein Teil von Springer Nature 2019
M. Wollenburg, *Neuartige Carbenliganden für die selektive Hydrierung von Aromaten*, BestMasters, https://doi.org/10.1007/978-3-658-24608-2_1

σ-Orbital doppelt mit antiparallelem Spin besetzen (**III**, Singulettgrundzustand). Die Multiplizität bestimmt nicht nur die Geometrie des Carbens, sondern auch dessen Reaktivität. Triplettcarbene (**I**, **II**) können aufgrund ihrer ungepaarten Elektronen als Diradikale beschrieben werden, was die besonders hohe Reaktivität und das Eingehen von schrittweisen Radikalreaktionen erklärt. Singulettcarbene (**III**) besitzen gleichzeitig ein gefülltes (σ) und ein leeres Orbital (p_π) am Carbenkohlenstoffatom, sodass diese sowohl elektrophilen als auch nukleophilen Charakter besitzen, was in einer ambivalenten Reaktivität resultiert. Der Spinzustand des Carbens wird durch die energetische Lage der Orbitale bestimmt und kann somit durch elektronische Effekte der Substituenten beeinflusst werden. Substituenten mit σ-elektronenschiebenden Eigenschaften verringern den Energieunterschied zwischen p_π- und σ-Orbital und der Triplettzustand wird bevorzugt. Der Singulettzustand wird durch σ-elektronenziehende Substituenten begünstigt, da das σ-Orbital energetisch abgesenkt wird und der Energieabstand zum p_π-Orbital wächst. Neben induktiven Effekten beeinflussen auch mesomere Effekte den Spinzustand von Carbenen. So erhöhen π-Donor-Substituenten die Elektronendichte im p_π-Orbital, sodass dieses energetisch angehoben wird und der Singulettgrundzustand begünstigt wird.[2,3]

Einen prominenten Vertreter innerhalb der Klasse von Carbenen stellen die N-heterocyclischen Carbene (NHCs) dar. Diese besitzen benachbart zum zentralen Carbenkohlenstoffatom zwei Stickstoffatome oder seltener ein Stickstoffatom und ein weiteres π-Donor-Heteroatom (z. B. O, S, P). Dieses dreiatomige Ensemble ist Teil eines zumeist fünfgliedrigen cyclischen Systems, wobei weitere Ringgrößen möglich sind. Durch das cyclische System ist bei NHCs nur die gewinkelte Form mit sp^2-Hybridisierung möglich. Die beiden Stickstoffatome fungieren zum einen als π-Donoren, wodurch die Elektronendichte im p_π-Orbital erhöht und dieses energetisch angehoben wird, zum anderen als σ-Akzeptoren, sodass das σ-Orbital energetisch abgesenkt wird (Abbildung 1). Dies führt dazu, dass das p_π-Orbital unbesetzt (LUMO) bleibt und die nichtbindenden Elektronen sich mit antiparallelem Spin im σ-Orbital (HOMO) befinden, sodass NHCs als Singulettcarbene vorliegen (Abbildung 2**A**).[4] Durch die Wechselwirkung der π-Elektronen mit den freien p_π-Orbitalen kommt es zur Bildung eines Vier-Elektronen-drei-Zentren-π-Systems mit partiellen Mehrfachbindungscharakter der C–N-Bindungen (Abbildung 2**B**). Verglichen mit klassischen Carbenen, die zumeist als Elektrophile reagieren, sind NHCs daher elektronenreiche Nukleophile.[2]

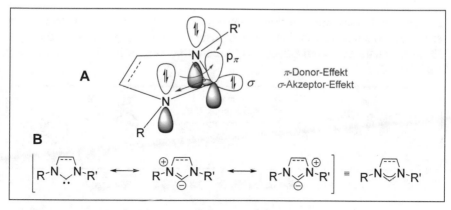

Abbildung 2:   **A**: Elektronische Konfiguration am Carbenzentrum eines NHCs im Singulettgrundzustand. **B**: Mesomere Grenzstrukturen von NHCs.

1.2   Synthese von freien NHCs und Imidazoliumsalzen

1.2.1   Synthese von freien NHCs

Die Synthese, Isolierung und Charakterisierung freier Carbene war eine herausfordernde Aufgabe für Chemiker im 20. Jahrhundert. In den 60er Jahren begann Wanzlick mit dem Versuch, freie NHCs nachzuweisen.[5] Durch α-Eliminierung von Chloroform aus Imidazolidinderivat **1** konnte kein freies Carben **3** erhalten werden. Carbenspezies **3** war zu reaktiv und eine Dimerisierung zum Entetraamin **2** erfolgte (*Wanzlick-Gleichgewicht*, Schema 1).[6]

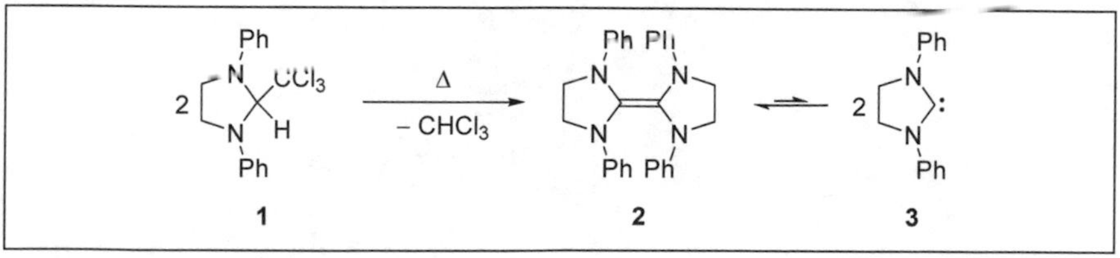

Schema 1:   Thermolyse zur Darstellung eines freien Carbens und Wanzlick-Gleichgewicht.

Das erste freie N-heterocyclische Carben wurde 1991 von Arduengo isoliert und charakterisiert. Durch Deprotonierung des Imidazoliumsalzes **4** mit der starken Base Natriumhydrid in Gegenwart von katalytischen Mengen DMSO konnte das freie NHC **5** als kristalliner Feststoff, der ohne Zersetzung bei 240–241 °C schmilzt und unter Ausschluss von Sauerstoff und Wasser bei Raumtemperatur stabil ist, erhalten werden. Die sterisch anspruchsvollen Adamantylreste sorgen für eine kinetische Stabilisierung des Carbens und verhindern die Dimerisierung (Schema 2).[7]

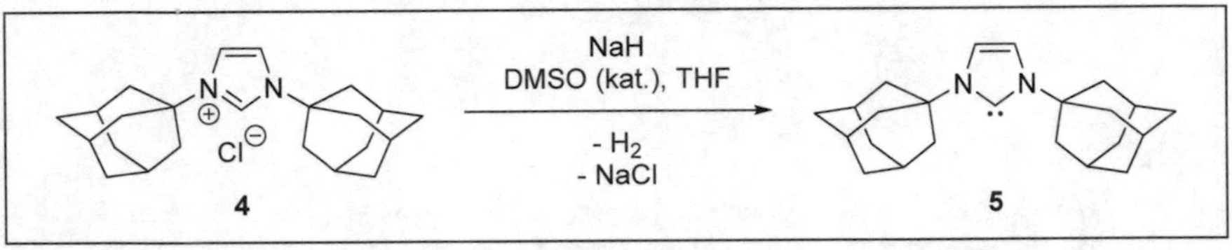

Schema 2:   Synthese des ersten freien NHCs (IAd, **5**) durch Arduengo.

Für die Synthese freier NHCs aus ihren Azolium-Vorläufern sind heute drei Methoden besonders verbreitet (Scherma 3). Die am häufigsten verwendete Methode ist die von Arduengo eingeführte Deprotonierung von Azoliumsalzen mit starken Basen (**I**).[7]

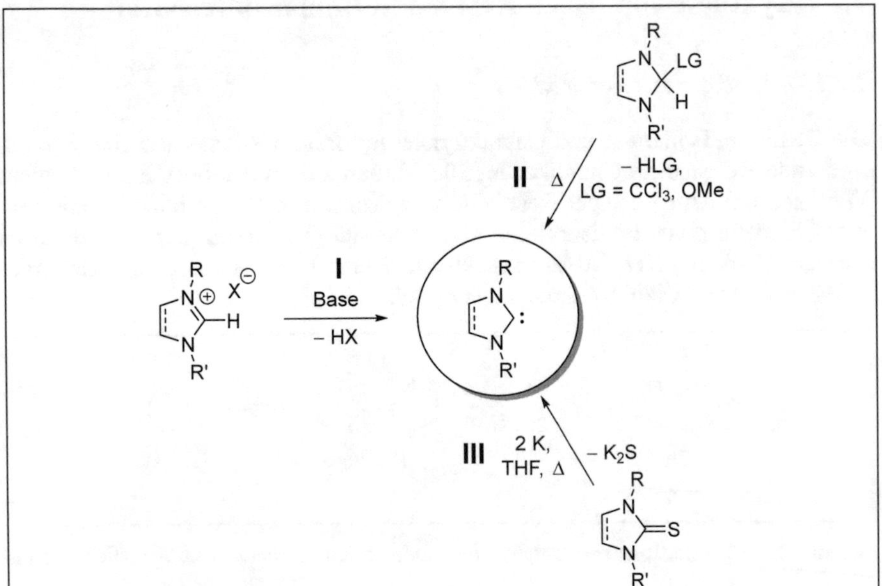

Schema 3:   Generelle Syntheserouten freier NHCs durch I: Deprotonierung, II: α-Elimi-
                  nierung, III: reduktive Entschwefelung.

Neben Natriumhydrid finden vor allem Alkoholate und die starken sterisch anspruchsvollen Amidbasen LDA und KHMDS Verwendung. Ausgehend von Wanzlicks gescheitertem Versuch der α-Eliminierung (siehe Schema 1) konnte Enders durch Eliminierung von Methanol freie Carbene darstellen (**II**).[8] Die dritte Möglichkeit, die zuerst von Kuhn beschrieben wurde, besteht in der reduktiven Entschwefelung von Thioharnstoffderivaten (**III**).[9] Die harschen Reaktionsbedingungen von elementarem Kalium in siedendem THF verhinderten bisher jedoch eine breite Anwendung.

1.2.2 Synthese von Imidazolium- und Imidazoliniumsalzen

Die einfache Darstellung freier Carbene durch Deprotonierung ihrer Salzvorläufer und vielfältige Syntheserouten zu ebendiesen haben dazu geführt, dass NHCs als Liganden und Organokatalysatoren weit verbreitet sind. Die vielfältigen Variationsmöglichkeiten von NHCs ergeben unterschiedliche Strukturmotive, kombiniert mit individuellen Eigenschaften, was zum Aufbau einer breiten Ligandenbibliothek dienen kann (Abbildung 3).

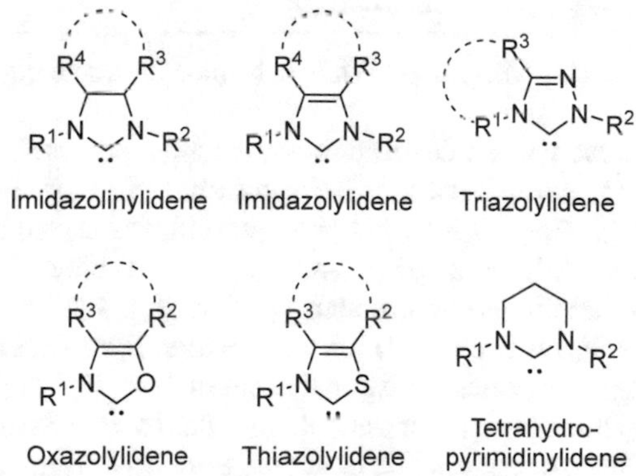

Abbildung 3: Prominente Strukturmotive für NHCs und ihre Nomenklatur.

Die sterischen Eigenschaften von NHCs können effektiv durch die Substituenten an Stickstoff- und weiteren Heteroatomen variiert werden. Diese sorgen für eine kinetische Stabilisierung und sterischen Anspruch, da sie zum Reaktionszentrum hinzeigen. Unter anderem ist die Synthese unsymmetrischer NHCs mit zwei verschiedenen, sterisch unterschiedlich anspruchsvollen Stickstoffsubstituenten möglich. Durch Einführung chiraler Gruppen an den *N*-Substituenten, Heteroatomen oder dem Rückgrat ist zudem die Möglichkeit zur Enantioinduktion geschaffen. Ein weiterer Einfluss auf die Sterik ist durch Modifikation der

Ringgröße und Substitution des Rückgrats möglich. Die elektronischen Eigenschaften können ebenfalls durch die Wahl der Substituenten (aromatisch/aliphatisch) an den Heteroatomen beeinflusst werden. Weiterhin ist es möglich, die induktive und mesomere Stabilisierung durch Anzahl und Art der Heteroatome zu modulieren. In Systemen mit ungesättigtem Rückgrat ist zudem eine elektronische Stabilisierung durch Aromatizität gegeben (Abbildung 4).[4,10]

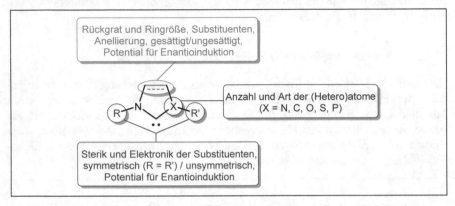

Abbildung 4:   AbStrukturelle Variationsmöglichkeiten innerhalb der NHC-Struktur.

Für die Synthese von Imidazoliumsalzen stehen mehrere Methoden zur Verfügung (Schema 4). Ausgehend von Imidazol sind mit passenden Elektrophilen in Gegenwart einer Base N,N'-Dialkylimidazoliumsalze zugänglich (**I**).[2] Mit zwei Äquivalenten Alkylierungsreagenz können in einer Ein-Topf-Synthese symmetrische Imidazoliumsalze erhalten werden (**Ia**). Für die Synthese unsymmetrischer Imidazoliumsalze muss eine zweistufige Syntheseroute mit verschiedenen Alkylierungsreagenzien verwendet werden (**Ib**). Für die Alkylierung werden zumeist Alkylhalogenide verwendet, mit denen die Synthese auf primäre Alkylreste limitiert ist. Für die Darstellung von arylierten Imidazoliumsalzen wird auf Boronsäuren[11] und Diaryliodoniumsalze[12] zurückgegriffen. Die oben genannten Verfahren sind besonders effizient, da die Synthesen mit kommerziell erhältlichen Imidazolen beginnen. Weiterhin sind Mehrkomponentenreaktionen zum *de-novo*-Aufbau von Imidazoliumsalzen einsetzbar (**II**, **III**).[2] Hier wird ebenfalls zwischen der symmetrischen und unsymmetrischen Variante differenziert. Bei der symmetrischen Synthese werden primäre Amine mit Formaldehyd und einem Dicarbonyl, hier Glyoxal, in Anwesenheit einer Brønsted-Säure zu den jeweiligen Imidazoliumsalzen umgesetzt (Schema 4 **II**). Dies geschieht entweder mit Isolierung des intermediär auftretenden Formamidins oder in einer Eintopfprozedur.[13,14] Zum Aufbau unsymmetrisch substituierter Imidazoliumkerne wird ein Äquivalent des primären Amins durch Ammoniak bzw. ein Ammoniumsalz ersetzt und abschließend das monosubstituierte Imidazoliumsalz durch Alkylierung oder Arylierung am Stickstoffatom quaternisiert (Schema 4 **III**).[15]

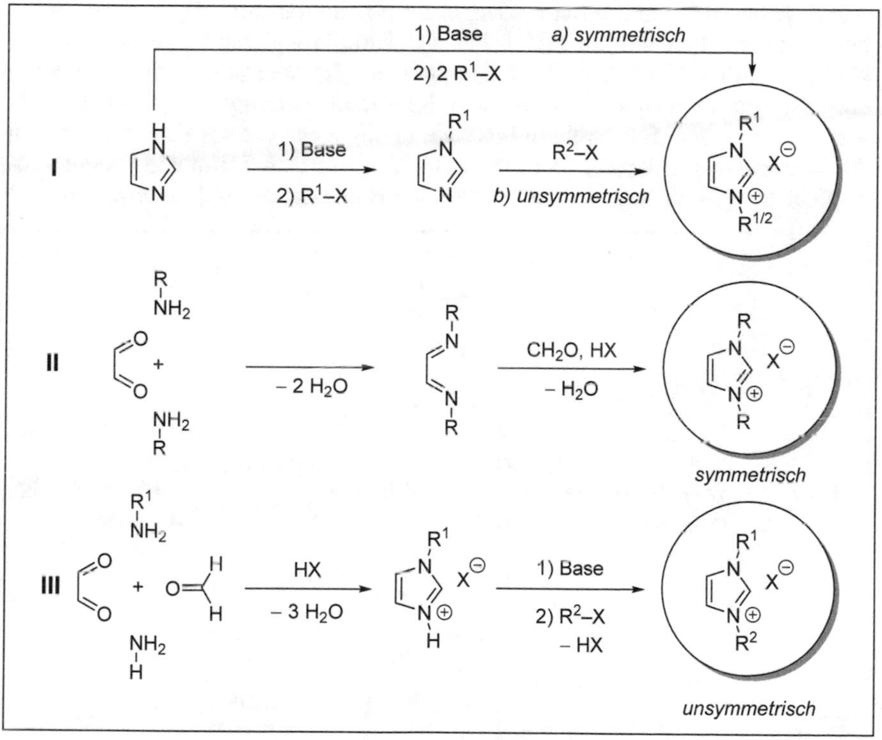

Schema 4: Syntheserouten für die Darstellung symmetrischer und unsymmetrischer Imidazoliumsalze. I: Synthese ausgehend von kommerziell erhältlichem Imidazol, II und III: *De-novo*-Synthese ausgehend von Glyoxal.

Zusätzlich sind unsymmetrische 1-Aryl-3-cycloalkyl-imidazoliumsalze in einer Multikomponentenreaktion aus Anilinderivaten, primären Cycloalkylaminen, Formaldehyd und Glyoxal in einem Schritt zugänglich.[16] Anstelle von Glyoxal können weitere Diketonderivate für die Synthese verwendet werden, sodass substituierte und anellierte Imidazoliumsalze entstehen. Weitere Syntheserouten starten von Oxazoliumsalzen, die mit primären Aminen umgesetzt werden,[17] oder mit Cyclisierungen von α-Halogenketonen mit *N,N*'-disubstituierten Formamidinen, die den Zugang zu tetrasubstituierten Imidazoliumsalzen ermöglichen.[18]

Die wichtigsten Methoden zur Darstellung gesättigter Imidazoliniumsalze sind in Schema 5 dargestellt. Die Salze lassen sich allgemein durch die Reaktion des entsprechenden Diamins **A** mit Triethylorthoformiat herstellen.[19] Das Diamin **A** kann wiederum durch nukleophile Substitution mit Alkylaminen an Dihaloethan erhalten werden (**I**).[20] Für die Einführung von Arylresten werden häufig palladiumkatalysierte Kreuzkupplungen (**II**) oder mehrstufige Synthesen von Kondensation und anschließender Reduktion benötigt (**III**), um das Diamin **A** zu erhalten. Eine weitere Methode ist die Synthese via Formamidin **B**, in der Dichlorethan (Sequenz **IV**) oder 1,3,2-Dioxathiolan-2,2-dioxid (Sequenz **V**) als Dielektrophil dienen, um das gewünschte Imidazoliniumsalz zu erhalten.[21,22]

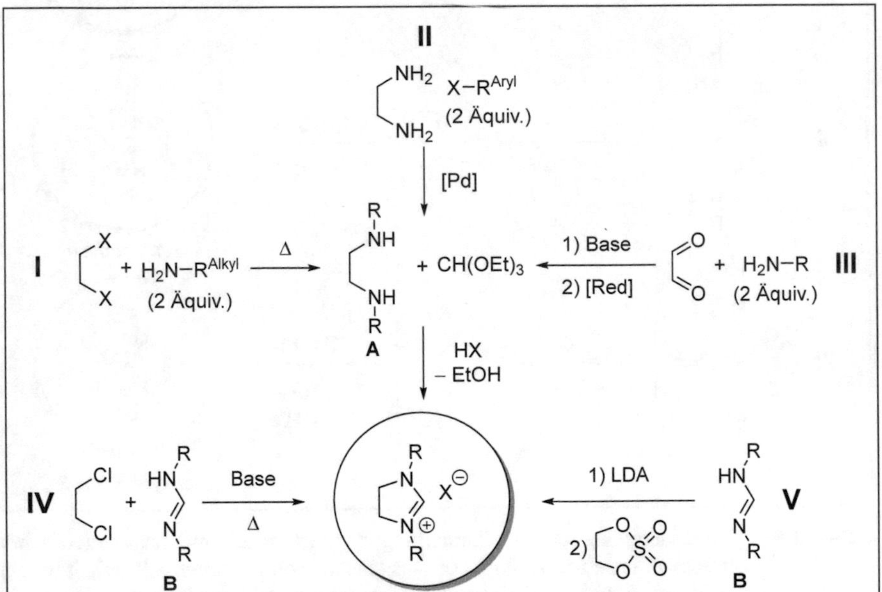

Schema 5:   Fünf verschiedene Syntheserouten für die Darstellung von Imidazoliniumsalzen.

1.3   NHCs als Liganden in der Übergangsmetallkatalyse

In den 1960er Jahren wurde entdeckt, dass NHCs als Liganden Komplexe mit Metallen eingehen (Abbildung 5). Wanzlick publizierte 1968 den Quecksilberbis(NHC)-Komplex **6**[23] und Öfele den Mono-NHC-Komplex **7** mit Chrom als Zentralatom und fünf CO-Liganden.[24] Lappert konnte 1971 erstmals zeigen, dass Komplexe des Typs **8** mit NHCs und Phosphinen an einem Zentralatom möglich sind.[25]

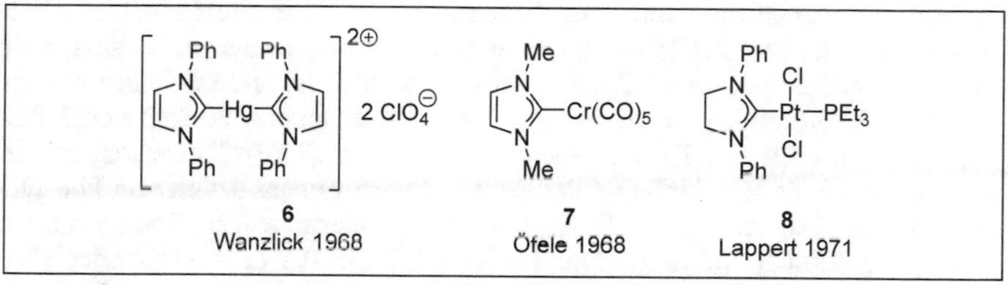

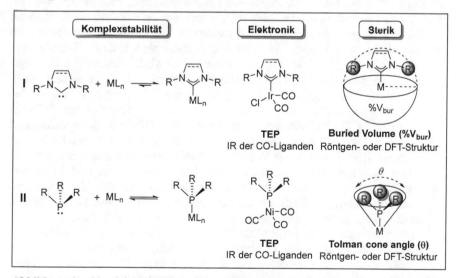

Abbildung 5: Erste isolierte und charakterisierte NHC-Metallkomplexe.

Ein Vergleich zwischen NHCs und Phosphinen bietet sich an, da beide Ligandenklassen als σ-Donoren in der Übergangsmetallkatalyse weit verbreitet sind.[26,27] Um die Eigenschaften eines Liganden zu beschreiben, werden drei Parameter berücksichtigt: 1. Komplexstabilität, 2. Elektronik und 3. Sterik (Abbildung 6).[28]

Abbildung 6: Vergleich von Komplexstabilität, Sterik und Elektronik zwischen NHCs und Phosphinen mit entsprechenden Parametern und deren Messmethoden; TEP = Tolman electronic parameter.

NHCs (**I**) sind im Vergleich zu Phosphinen (**II**) stärkere σ-Donoren,[29] was zu stärkeren NHC–Metall-Bindungen führt und das Komplexgleichgewicht auf die Seite des Komplexes verlagert. Als Konsequenz ergibt sich eine geringere Konzentration des sensitiven freien NHCs, was in einer erhöhten Stabilität des Komplexes gegenüber Temperatur, Feuchtigkeit und Sauerstoff resultiert.[26] In Phosphin-Metallkomplexen ist das Gleichgewicht ausgewogener, sodass mehr freies Phosphin, welches oft feuchtigkeitsempfindlich ist und bei höheren Temperaturen leicht oxidiert wird, vorliegt. Die hohe σ-Donor-Fähigkeit von NHCs lässt sich mit Hilfe des *Tolman electronic parameter* (TEP)[30] beschreiben. Ursprünglich für die Beschreibung der elektronischen Eigenschaften von Phosphinen etabliert, lässt sich der TEP auch auf NHCs übertragen. In Komplexen der Art [(L)Ir(CO)$_2$Cl], [(L)Rh(CO)$_2$Cl] oder [(L)Ni(CO)$_3$] (L = NHC oder PR$_3$) wird die Wellenzahl der Infrarot-Streckschwingung des Carbonyl-Liganden gemessen, um Aussagen über die elektronischen Eigenschaften des Liganden zu treffen. Je niedriger die Wellenzahl der Streckschwingung, desto elektronenreicher der Metallkomplex und somit auch der Ligand.[29,31] Weiterhin wird für NHCs im Gegensatz zu Phosphinen ein größerer Beitrag der π-Rückbindung, mit der eine zusätzliche Stabilisierung von Metallkomplexen erfolgt, vermutet.[32] Die sterischen Eigenschaften von Liganden lassen sich durch den *Tolman cone angle* (θ),[30] der ebenfalls für Phosphine eingeführt wurde, beschreiben. Für den sterischen Anspruch von NHCs hat sich jedoch das *buried Volume* (%V$_{bur}$) als vorteilhaft erwiesen, da sich die Substituenten am Stickstoff, welche direkt zum Metallzentrum zeigen, besser in einer Kugelsphäre als mit einem Kegelwinkel beschreiben lassen (Abbildung 6). Der Kugelradius wird zumeist auf 3 Å festgelegt und der Metall-Carbenkohlenstoffatom-Abstand auf einen metallspezifischen ligandenunabhängigen Wert festgelegt (meist 2 Å). Je sterisch anspruchsvoller der Ligand, desto größer das *buried Volume* in der Kugelsphäre.[33] Durch die Ausrichtung der Substituenten zum Metall in NHC-Metallkomplexen sind NHCs generell sterisch anspruchsvoller als Phosphine, bei denen die Reste vom Metall wegzeigen. Ein weiterer Vorteil von NHCs gegenüber Phosphinen ist die modulare Synthese, die individuelle Modifikation von Sterik und Elektronik erlaubt. Die Sterik lässt sich am einfachsten durch die Stickstoffsubstituenten, die Richtung Metall und Reaktionszentrum zeigen, beeinflussen. Die Elektronik ist durch Modifikation der Heteroatome und Substituenten variierbar.[10]

Die oben genannten Eigenschaften von NHCs haben sich in zahlreichen übergangsmetallkatalysierten Prozessen als vorteilhaft erwiesen. So finden NHC-Metallkomplexe Verwendung in Kreuzkupplungen,[34] Hydroformylierungen[35] und Olefin-Metathesen.[36] Viele dieser Prozesse sind zudem asymmetrisch möglich.[37,38] Neben der Funktion als Liganden in der Übergangsmetallkatalyse finden NHCs zudem breite Verwendung in der Koordination und Stabilisierung von Hauptgruppenelementen[39] und der Organokatalyse.[40–42]

1.4 Asymmetrische Aromatenhydrierung

Die asymmetrische Hydrierung aromatischer Verbindungen ist eine effiziente Methode, um aus gesättigten, planaren, achiralen Molekülen enantioselektiv chirale cyclische Verbindungen mit dreidimensionaler Struktur zu generieren. Aromatische Verbindungen sind als Substrate häufig kommerziell verfügbar oder können leicht aufgebaut und modifiziert werden. Durch die hohe Anzahl möglicher Substituenten, was zur simultanen Bildung mehrerer Stereozentren während der Hydrierung führt, und den Einbau von Heteroatomen ergibt sich eine enorme Vielfalt an potentiellen Substraten, verglichen mit anderen prochiralen Substraten wie Ketonen, Iminen und Olefinen (Abbildung 7).[43–46]

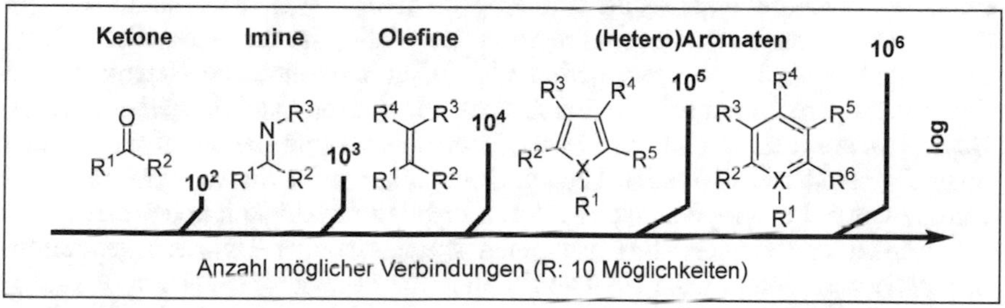

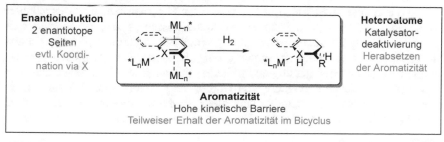

Abbildung 7: Anzahl potentieller Substrate für die asymmetrische Hydrierung.

Die erfolgreiche asymmetrische Hydrierung von Ketonen, Iminen und Olefinen wird bereits im industriellen Maßstab[47,48] verwendet und wurde 2001 mit dem Chemienobelpreis für Knowles[49] und Noyori,[50] die als Pioniere auf diesem Gebiet gelten, gewürdigt.

Abbildung 8: Herausforderungen (rot) und Lösungsansätze (grün) in der asymmetrischen Hydrierung von Aromaten; M = Metall, L* = chiraler Ligand, X = Heteroatom.

Diese Arbeiten legten den Grundstein für die enantioselektive Aromaten-hydrierung, welche jedoch erst in den letzten zwei Jahrzehnten einen signifikan-ten Aufschwung erfuhr und noch viele Herausforderungen birgt (Abbildung 8). Die größte Herausforderung ist, dass während der Hydrierung die Aromatizität überwunden werden muss. Bei der Verwendung bicyclischer Systeme als Sub-strate bleibt ein Teil der Aromatizität erhalten, was ein möglicher Lösungsansatz sein kann. Für die Dearomatisierung sind meist harsche Reaktionsbedingungen notwendig, welche einer effizienten Enantioinduktion entgegenwirken. Zusätz-lich muss bei der Enantiodifferenzierung zwischen zwei planaren Seiten des aromatischen Systems unterschieden werden, oft ohne sekundäre koordinierende Gruppen. Werden Heteroaromaten als Substrate verwendet, können die Hete-roatome als Koordinationsstelle im Molekül dienen, was die Enantioinduktion ermöglichen, aber auch erschweren kann. Zusätzlich ist die Aromatizität in ei-nem heterocyclischen System geringer.[51] Allerdings sind die Heteroatome in den gesättigten Produkten durch die fehlende π-Konjugation stärkere Lewis-Basen, sodass diese stärker an Metalle koordinieren und das Katalysatorsystem unter Umständen deaktivieren können. Eine Lösung für dieses Problem ist der Einsatz von Schutzgruppen, welche die Koordinationsfähigkeit unterbinden.[45]

Die ersten Beispiele von homogenen asymmetrischen Hydrierungen aroma-tischer Systeme wurden um 1990 von Murata,[52] Takaya,[53] Bianchini[54] und der Lonza AG[55] publiziert. Unter Verwendung von chiralen Phosphinliganden wur-den substituierte Chinoxaline, Furane und Pyrazine mit moderaten Ausbeuten und Enantiomerenüberschüssen (ee) hydriert.

Viele der später erfolgreich eingesetzten Katalysatorsysteme für die homo-gene Hydrierung von (hetero)aromatischen Systemen basieren auf chiralen Bis-phosphin- und Phosphinooxazolin-Liganden[56,57] und den Übergangsmetallen Rhodium, Ruthenium oder Iridium (Abbildung 9). Mit diesen Katalysatorsyste-men konnten die in Abbildung 10 dargestellten Heteroaromaten mit exzellenten Ausbeuten und sehr guten Enantiomerenüberschüssen (> 90% ee) hydriert wer-den.[45,46] Häufig limitieren jedoch eine geringe Substratbreite und hohe Kataly-satorladungen eine breite Anwendung der Methoden. Die erhaltenen chiralen gesättigten und partiell gesättigten Produkte mit cyclischen Gerüsten spielen eine wichtige Rolle in der Synthese von (bioaktiven) Naturstoffen, Pharmazeutika und Agrochemikalien. Weiterhin sind diese Strukturmotive interessant als Syn-thesebausteine in der Organischen Chemie und in den Materialwissenschaften.

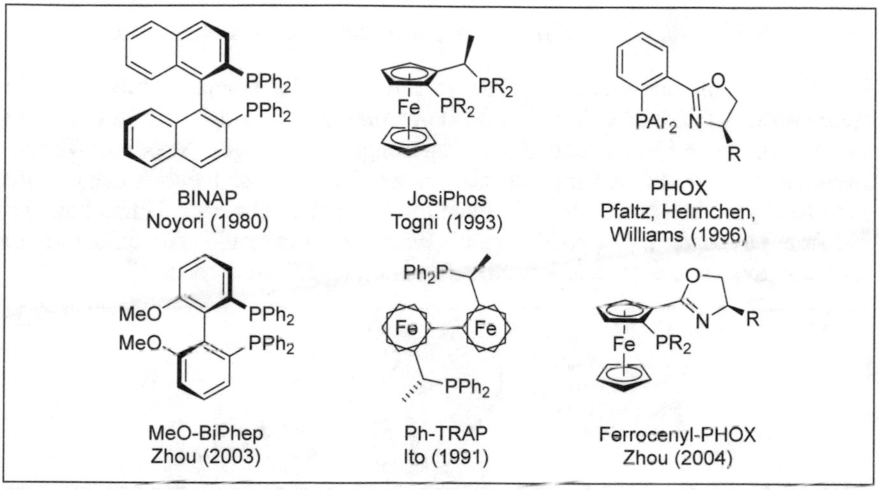

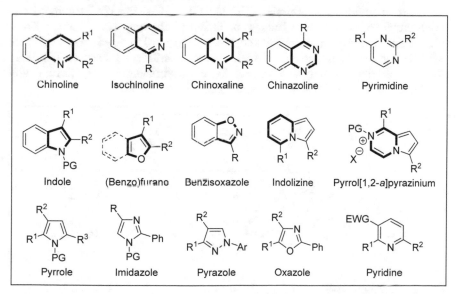

Abbildung 9: Ausgewählte erfolgreiche Bisphosphin- und Phosphinooxazolin-Liganden für die Hydrierung von (Hetero)aromaten.

Abbildung 10: Mit homogenen Bisphosphin- und Phosphinooxazolin-Übergangsmetallkomplexen (Rh, Ru oder Ir) erfolgreich enantioselektiv (> 90 % *ee*) hydrierte Heteroaromaten.

1.4.1   N-Heterocyclische Carbene in der asymmetrischen Hydrierung

Für die Verwendung N-heterocyclischer Carbene in der asymmetrischen Hydrierung werden effiziente chirale NHC-Metallkomplexe benötigt. Die Entwicklung dieser Komplexe birgt einige Herausforderungen. Der große Abstand zwischen Metallzentrum und den Chiralitätszentren an den Stickstoff-Substituenten oder dem Rückgrat des NHCs kann die Enantioinduktion erschweren. Hinzu kommen die freie Drehbarkeit des NHCs um die Metall-Kohlenstoff-Bindung, sodass im Übergangszustand eine hohe konformationelle Flexibilität herrscht.[58]

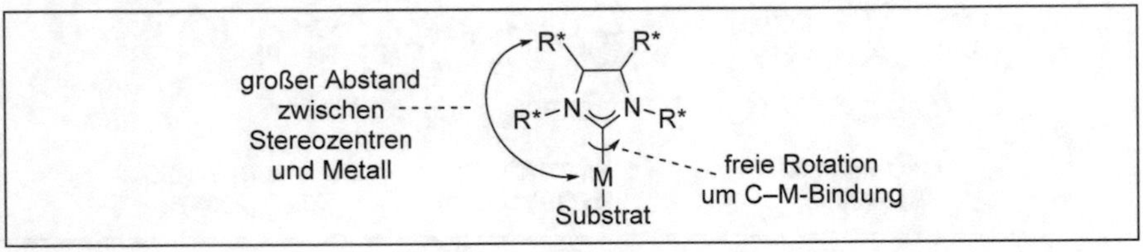

Abbildung 11: Herausforderung beim Design chiraler NHCs; R* = chiraler Rest.

Der erste effektive chirale NHC-Metallkomplex für die asymmetrische Hydrierung wurde 2001 von Burgess publiziert (Abbildung 12).[59] Dieser Komplex, basierend auf einem bidentaten NHC-Oxazolin-Liganden, war besonders effektiv für die asymmetrische Hydrierung von unfunktionalisierten Olefinen. Weitere effiziente Katalysatorsysteme für die asymmetrische Hydrierung von Olefinen wurden von Helmchen[60] und Pfaltz[61] entwickelt.

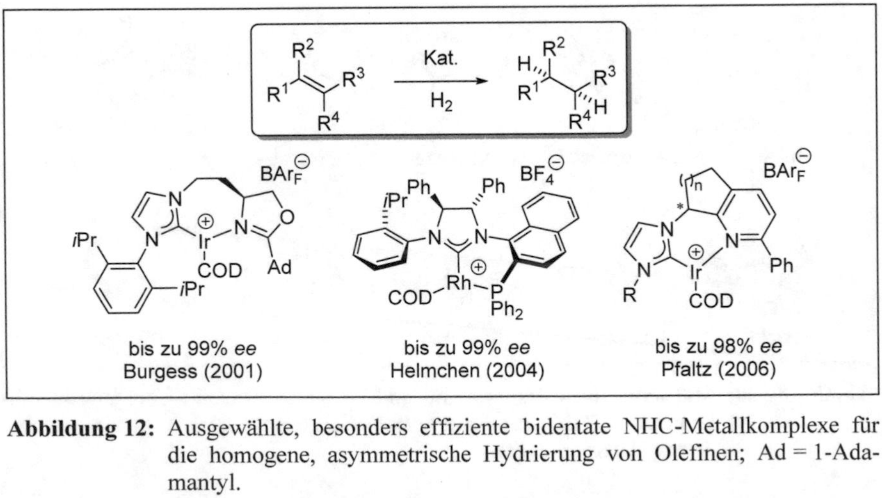

Abbildung 12: Ausgewählte, besonders effiziente bidentate NHC-Metallkomplexe für die homogene, asymmetrische Hydrierung von Olefinen; Ad = 1-Adamantyl.

Aufbauend auf dem von Chaudret in der (racemischen) Aromatenhydrierung eingesetzten Ruthenium–Phosphin-Komplex (**K1**),[62,63] entwickelte die Gruppe um Glorius ein enantioselektives Katalysatorsystem basierend auf Ruthenium und zwei chiralen NHC-Liganden für die homogene asymmetrische Hydrierung von (Hetero)aromaten (Abbildung 13).

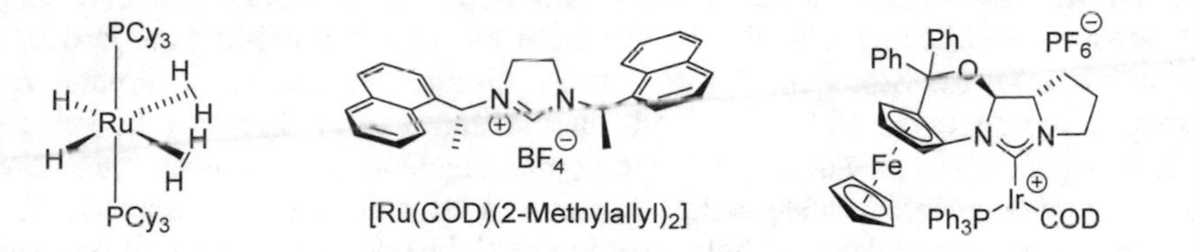

| **K1** | **L1** | nur für Chinoline |
| Chaudret (2000) | bis zu 98% *ee*, Glorius (2011) | bis zu 80% *ee*, Metallinos (2015) |

Abbildung 13: Verschiedene Katalysatorsysteme zur Aromatenhydrierung.

Die Kombination von [Ru(COD)(2-Methylallyl)$_2$] und dem chiralen NHC-Vorläufer SINpEt·HBF$_4$ (**L1**), welcher *in situ* deprotoniert wird, konnte für die asymmetrische Hydrierung einer großen Bandbreite von Heteroaromaten eingesetzt werden (Abbildung 14).[58,64] Mit Ausnahme von Metallinos später entwickeltem NHC–Iridium-Komplex, welcher bisher nur in der enantioselektiven Hydrierung von Chinolinen mit moderaten Enantioselektivitäten eingesetzt wurde,[65] ist dies das einzig bekannte Katalysatorsystem mit NHC-Liganden für die asymmetrische Hydrierung von Heteroaromaten.

Das Katalysatorsystem aus einem Ru(II)-Vorläufer und **L1** ist in der Lage, den Carbocyclus von substituierten Chinoxalinen hochregio- und enantioselektiv zu hydrieren. Bemerkenswert ist, dass durch die Wahl des NHCs die Regioselektivität vom Carbocyclus auf den N-Heterocyclus invertiert werden kann.[66] Benzofurane erwiesen sich als optimale Substrate, welche unter milden Bedingungen (Raumtemperatur, p(H$_2$) = 10 bar) mit exzellenten Ausbeuten und Enantioselektivitäten zu den entsprechenden 2,3-Dihydrobenzofuranen hydriert werden können.[67] Ebenso können disubstituierte Furane hochenantioselektiv hydriert werden, wobei der Enantiomerenüberschuss stark vom Substitutionsmuster abhängt.[68] Es wird angenommen, dass das Sauerstoffatom wichtig für die Enantioinduktion bei der Hydrierung von Benzofuranen und Furanen ist.[69] Analog zu (Benzo)furanen ist die asymmetrische Hydrierung von Benzothiophenen und Thiophenen möglich, ohne dass es zu einer Katalysatorvergiftung durch die Ausbildung von stabilen Metall-Schwefel-Komplexen kommt. Die hohe Aktivität des Katalysators und geringe Thiophilie von Ruthenium werden als Gründe aufgeführt, dass die Hydrierung der im Vergleich zu O-Heterocyclen stärker aromatischen S-Heterocyclen möglich ist. Disubstituierte Tetrahydrothiophene können hoch enantioselektiv erhalten werden, monosubstituierte Tetrahydrothiophene jedoch nur racemisch. Das Ru–bis(NHC)-Katalysatorsystem ist zudem das erste bekannte System für die homogene Hydrierung von substituierten Benzothiophenen und Thiophenen überhaupt.[70] Die hochregioselektive Hydrierung des elektronenarmen sechsgliedrigen Pyridinrings von Indolizinen lieferte enantiomerenangereicherte, bicyclische Produkte mit einem Stickstoff als Brückenkopfatom. Dieses Motiv ist häufig in natürlich vorkommenden Alkaloiden vertreten. So konnte der Naturstoff (–)-Monomorin mit dieser Methode in wenigen Stufen synthetisiert werden.[71] Ebenso konnten erstmalig elektronenarme 2-Pyridone zu den entsprechenden 2-Piperidonen mit teilweise guten Enantioselektivitäten umgesetzt werden. N-Methylierung der Substrate lässt nur die elektronenarme Amidform zu und verhindert die Tautomerisierung zum stärker aromatischen System in der Pyridin-Form.[72]

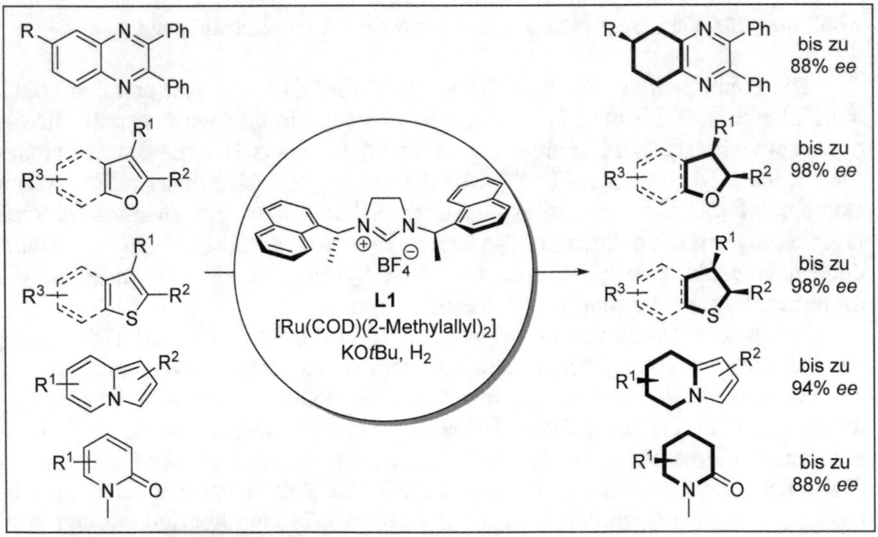

Abbildung 14: Substratebreite der asymmetrischen Hydrierung heteroaromatischer Verbindungen basierend auf dem Katalysatorsystem [Ru(COD)(2-Methylallyl)₂] und **L1**.

Zusätzlich zu den Heteroaromaten in Abbildung 14 konnten drei weitere Heterocyclen, welche einen vergleichsweise geringeren aromatischen Charakter besitzen, hydriert werden (Abbildung 15). Flavone und Chromone konnten mit exzellenten Enantioselektivitäten hydriert werden. Allerdings wurde zusätzlich zur Doppelbindung die Ketofunktion reduziert und die entsprechenden Flavanole und Chomanole wurden mit moderatem Diastereomerenverhältnis erhalten. Der Zugang zu den enantiomerenangreicherten Flavanonen und Chromanonen ist jedoch durch nachfolgende Oxidation des Alkohols möglich.[73] Des Weiteren ist die asymmetrische Hydrierung von Vinylthioethern in siebengliedrigen Heterocyclen mit dem Ru–bis(NHC)-System möglich. Die Methode liefert optisch aktive 1,5-Benzothiazepine, welche ein Stereozentrum mit C–S-Bindung enthalten und potentielle Pharmakophore darstellen.[74] Durch Zugabe des chiralen Diamins L2 zum bewährten Ru–NHC-Katalysatorsystem ist es möglich, Isocumarine enantioselektiv zu hydrieren. Dieses neue Konzept der Ligandenkooperation ermöglichte eine dramatische Steigerung der Enantioselektivität auf 99% in den chiralen 3,4-Dihydroisocumarin Produkten und hat das Potential für weitere Anwendungen.[75]

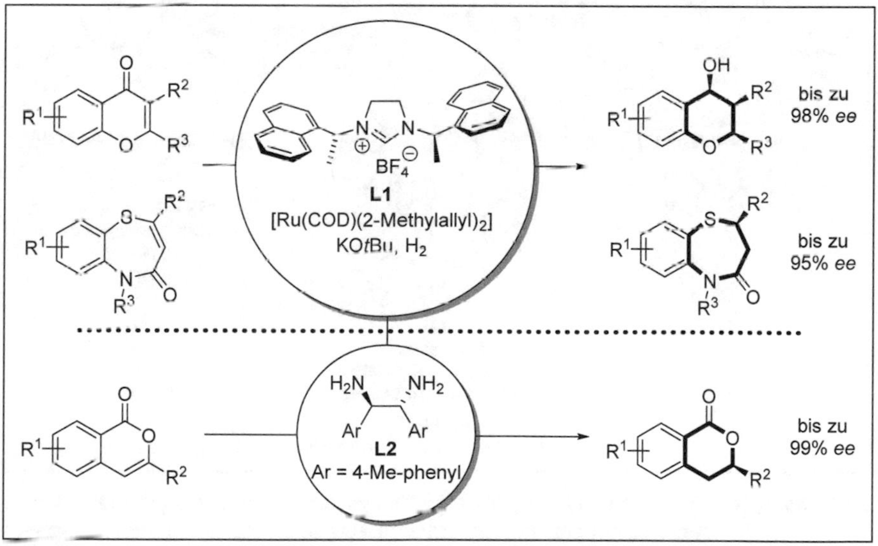

Abbildung 15: Enantioselektive Hydrierung weiterer Heterocyclen. Bei der Hydrierung von Isocumarinen wird das chirale Diamin L2 als Co-Ligand verwendet.

1.4.2 Struktur und Eigenschaften des Komplexes Ru(SINpEt)₂

1.4.2   Struktur und Eigenschaften des Komplexes Ru(SINpEt)$_2$

Für ein besseres Verständnis des Ru–NHC-Katalysatorsystems wurde eine detaillierte Studie unter besonderer Berücksichtigung des Aktivierungsmodus des Katalysators durchgeführt.[64]

Als Präkatalysator konnte der Ru–bis(NHC)-Komplex **I-A**, dessen Struktur kristallographisch untersucht wurde, identifiziert werden (Abbildung 16). Bemerkenswert ist die beobachtete Trikoordination eines der SINpEt-Liganden, nach Deprotonierung je einer Methyl- und Naphthylgruppe, an Ruthenium. Obwohl die Protonen der Methylgruppen verglichen mit Naphthylgruppen weniger acide (sp^3 vs. sp^2) sind, wird vermutlich aufgrund der Sterik eine Methylgruppe deprotoniert. Komplex **I-A** ist der erste bekannte Komplex mit einem doppelt cyclometallierten Carben-Liganden, dessen sp^2- und sp^3-hybridisierte Kohlenstoffatome an das Metallzentrum binden. Normalerweise gelten NHCs als monodentate Liganden.

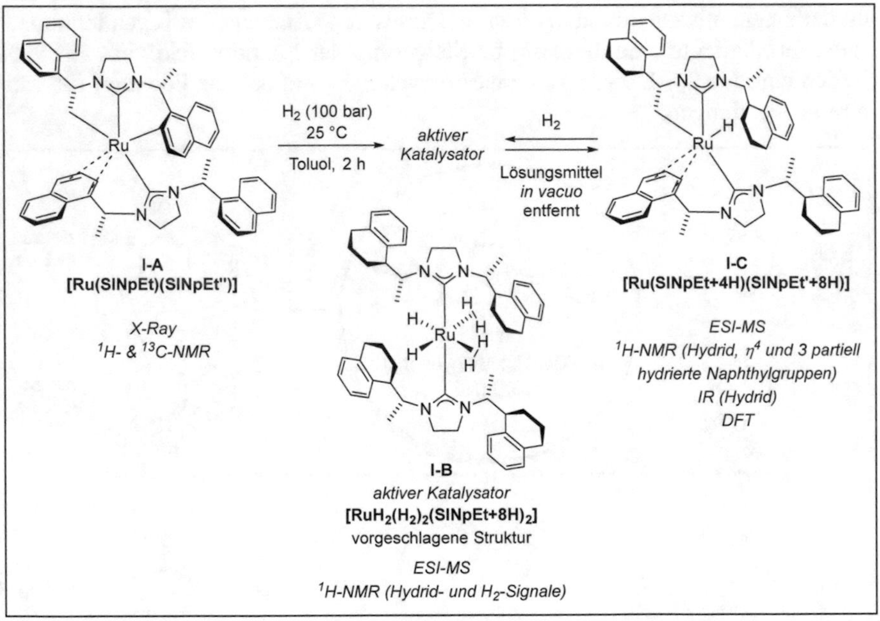

Abbildung 16: Strukturen und analytische Methoden zur Identifizierung des Präkatalysators **I-A**, der postulierten aktiven Katalysatorspezies **I-B** und des aktivierten Intermediates **I-C**.

Der zweite NHC-Ligand bindet zusätzlich zum Carbenkohlenstoffatom über das aromatische System einer Naphthylgruppe in einer η^4-Koordination an Ruthenium. Das Naphthalin verliert seine Planarität und einen Teil seiner Aromatizität. Der isolierte Komplex **I-A** zeigt die gleiche Reaktivität und Enantioselektivität in der asymmetrischen Hydrierung von 2-Methylbenzofuran wie die vorgeformte Katalysatorsuspension, sodass angenommen werden kann, dass **I-A** die aktive Komponente der Suspension ist. Die Beobachtung einer Induktionszeit von drei Stunden vor Beginn der Hydrierung von 2-Methylbenzofuran legt nahe, dass Komplex **I-A** ein Präkatalysator ist, welcher durch Wasserstoff aktiviert wird. Die Induktionszeit verschwindet, wenn die Katalysatorlösung vor Zugabe des Substrats unter einer Wasserstoffatmosphäre gerührt wurde. Die aktive Katalysatorspezies **I-B** wird vermutlich unter Wasserstoffatmosphäre durch partielle Hydrierung der Naphthylgruppen zu Tetrahydronaphthylgruppen, unter Hydrogenolyse der durch C–H-Aktivierung geformten Ru–C-Bindungen, gebildet. Durch ESI-MS konnte ein Komplex, dessen Masse dem Präkatalysator und zusätzlichen 18 Wasserstoffatomen entsprechen würde, identifiziert werden. NMR-Untersuchungen zeigten die Anwesenheit von Hydrid- und Diwasserstoff-Liganden, sodass für Komplex **I-B** eine analoge Struktur zu Chaudrets $[RuH_2(H_2)_2(PCy_3)_2]$-Komplex postuliert wurde. Entfernen des Lösungsmittels verursacht eine Umwandlung der aktiven Spezies **I-B** zu **I-C** (Abbildung 16). Durch NMR-Untersuchungen konnten drei partiell hydrierte Naphthylgruppen, eine verbleibende η^4-Koordination, ein Hydrid-Signal und eine CH_2-Gruppe, die durch Deprotonierung einer Methylgruppe gebildet wurde, identifiziert werden. Das Hydrid-Signal wurde zusätzlich durch IR-Messungen bestätigt und DFT-Berechnungen unterstützen die Struktur von **I-C**. Weiterhin ist Komplex **I-C** in der Hydrierung von 2-Methylbenzofuran aktiv. Unter Wasserstoffatmosphäre erfolgt eine Umwandlung von **I-C** zurück zu **I-B**, was eine reversible Hydrierung der Naphthylgruppen und Ru–C-Bindungen vermuten lässt. Diese Reversibilität ist notwendig, um die aktive Katalysatorspezies zu bilden. Die Fähigkeit der Naphthylgruppen, eine reversible π-Koordination mit elektronenreichen Metallen einzugehen, bildet die Basis, den Präkatalysator **I-A** zu stabilisieren und lässt darauf schließen, dass unter katalytischen Bedingungen vermutlich die Substratkoordination und die darauffolgende Reduktion ermöglicht wird.

Die kürzlich gefundenen Erkenntnisse über die Aktivierung des Ru–SINpEt-Katalysatorsystems können das Scheitern aller vorangegangenen Optimierungsversuche des Katalysatorsystems durch neue NHC-Liganden erklären. In der Vergangenheit wurde versucht, mit der Synthese neuer chiraler NHCs, die den SINpEt-Liganden als Vorbild hatten, neue Reaktivitäten und bessere Selektivitäten zu erzielen.[76] Alle in Abbildung 17 und Abbildung 18 dargestellten NHC-Vorläufer zeigten im Liganden-Screening schlechtere Reaktivitäten und Enantioselektivitäten für eine Reihe an Heteroaromaten. Der Austausch durch aliphatische oder andere aromatische Gruppen resultierte in instabilen Komplexen mit schwer reproduzierbaren Hydrierergebnissen. Zudem entstehen durch den Austausch der Methyl-Gruppe durch beispielsweise Ethyl-, Cyclopropyl- oder *t*Butyl-Gruppen ebenso unreaktive Komplexe, vermutlich da die Methylgruppe ebenfalls für die Stabilisierung des Präkatalysators notwendig ist.

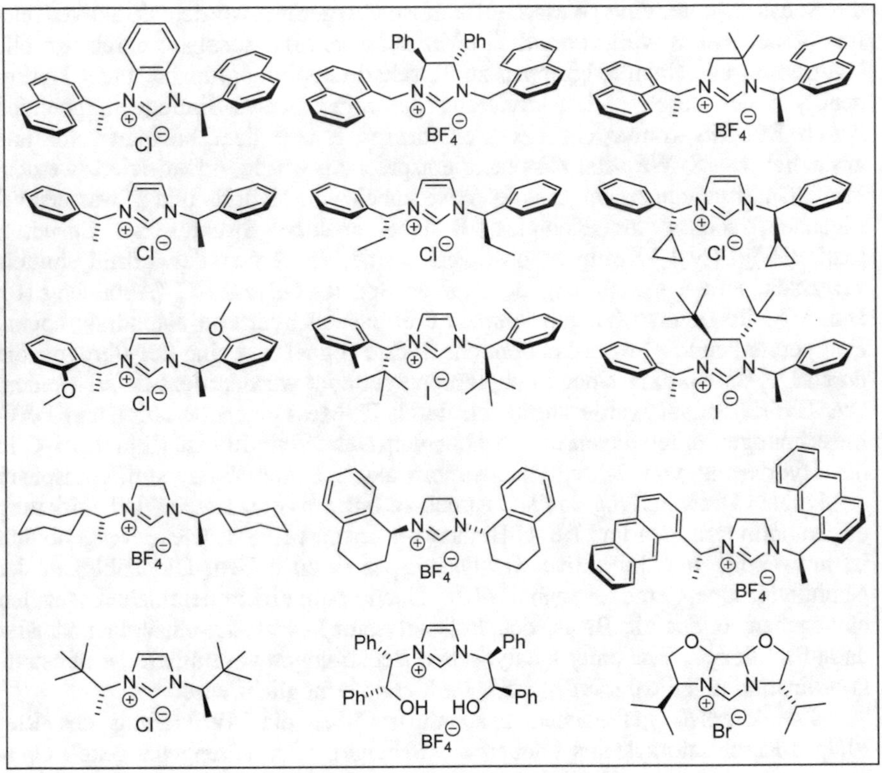

Abbildung 17: Weitere getestete homochirale NHC-Liganden in der asymmetrischen Hydrierung von Heteroaromaten.

Bei der Verwendung unsymmetrischer NHC-Vorläufer mit einem Naphthylethyl-Substituenten und einem zweiten variablen Substituenten am Stickstoff konnten teilweise vielversprechende Resultate in Hinblick auf neue Reaktivität als auch Enantioselektivität gefunden werden (Abbildung 18). In diesem Fall kommt es zur Bildung zweier Diastereomere, sobald der zweite Substituent am Stickstoff ebenfalls chiral ist. Deshalb gilt es zu berücksichtigen, dass die unterschiedlichen Diastereomere verschiedene Stereoselektivitäten in der asymmetrischen Hydrierung liefern können. Bisher bleibt jedoch der Standard SINpEt-Ligand **L1** in Kombination mit Ru(II) das beste System für die asymmetrische Hydrierung diverser Heteroaromaten.

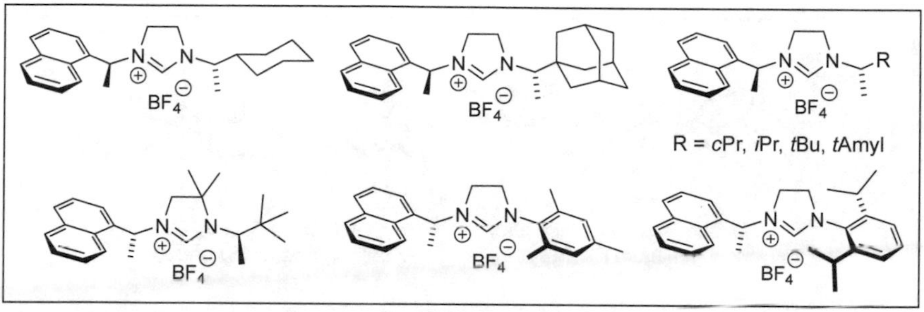

Abbildung 18: Neue getestete unsymmetrische NHC-Liganden in der asymmetrischen Hydrierung von Heteroaromaten.

1.5 Motivation und Zielsetzung

Das Ruthenium–SINpEt-Katalysatorsystem ist reaktiv und hochenantioselektiv in der Hydrierung diverser Heteroaromaten und Heterocyclen (siehe Kap. 1.4). Jedoch ist die Reaktivität und Selektivität für manche Substrate, im speziellem Pyrimidine und Pyrazine, noch nicht befriedigend. Nach den fehlgeschlagenen Optimierungsversuchen des Ligandensystems durch Änderung der Substituenten in symmetrischen und unsymmetrischen NHCs wurde versucht, möglichst geringe elektronische sowie sterische Änderungen am bewährten Ru–SINpEt-Katalysatorsystem durchzuführen. Vorangegangene Studien haben gezeigt, dass die Monofluorierung des Naphthylrings Einfluss auf die Reaktivität hat. Der vermutlich elektronenärmere Ligand **L3** mit einem Fluoratom in 4-Position am Naphthylring zeigt Defluorierung und eine geringere Reaktivität in der Hydrierung (Abbildung 19).

Durch Variation der Position des Fluoratoms konnte mit **L4** ein Ligand mit einem Fluoratom in 6-Position und ähnlicher Reaktivität und Enantioselektivität wie zum SINpEt-System synthetisiert werden. Ebenfalls wurde der elektronenreichere 4-methoxysubstituierte Ligand **L5** in der Hydrierung getestet, zeigte jedoch geringere Reaktivität bei minimal geringerer Enantioselektivität.[77]

In dieser Arbeit sollen weitere elektronisch modifizierte SINpEt-NHC-Vorläufer synthetisiert und in der Hydrierung diverser Heteroaromaten getestet werden. Die Modifikationen sollen in 6- und 7-Position des Naphthylrings vorgenommen werden, da dieser Teil des Naphthylgerüstes nach neusten Erkenntnissen während der Aktivierung nicht hydriert wird (Kap. 1.4.2). Durch die Entdeckung neuer reaktiver Strukturen wäre die Identifikation einer variierbaren Position innerhalb des Naphthylrings zur Beeinflussung der Hydriereigenschaften möglich. Zudem könnten reaktive und unreaktive Liganden weitere Hinweise auf die Struktur der aktiven Katalysatorspezies geben.

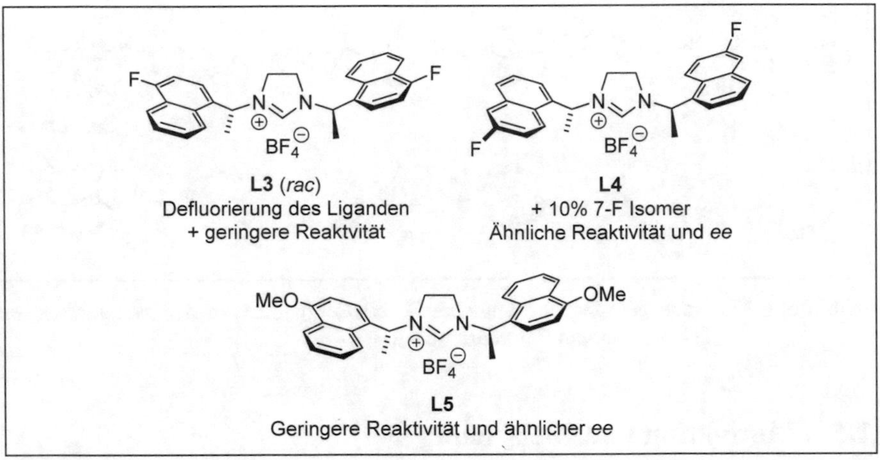
F
F
N
N
BF4
L3 (rac)
Defluorierung des Liganden
+ geringere Reaktvität
F
F
N
N
BF4
L4
+ 10% 7-F Isomer
Ähnliche Reaktivität und ee
MeO
OMe
N
N
BF4
L5
Geringere Reaktivität und ähnlicher ee

Abbildung 19: Elektronische Variationen des Naphthylethyl-Systems durch Dekoration des Naphthylrings mit einem Fluoratom in 4- oder 6-Position und Einführung eines Methoxysubstituenten in 4-Position. Der Vergleich bezieht sich auf unsubstituierte NpEt-Substituenten.

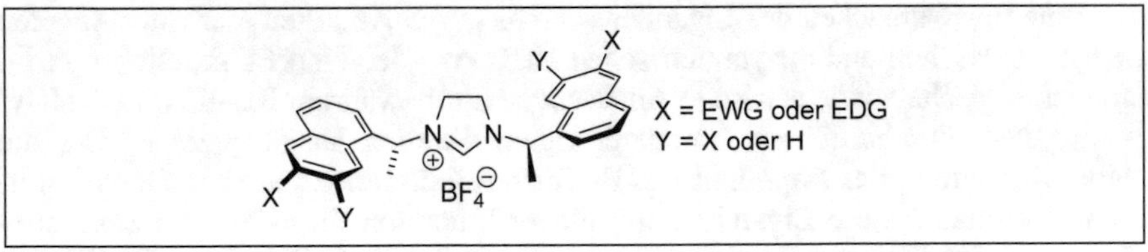
X
Y
N
N
BF4
X
Y
X = EWG oder EDG
Y = X oder H

Abbildung 20: Zielstruktur der elektronisch variierten SINpEt-Liganden.

1.6 Synthese elektronisch modifizierter SINpEt-Liganden

Für die Synthese der elektronisch modifizierten SINpEt-Liganden werden die entsprechenden chiralen primären Amine benötigt, welche durch eine vierstufige Synthese zugänglich sind.

Die Synthese des 6-methoxysubstituierten SINpEt-Imidazoliumsalzes begann mit dem Aufbau des Naphthylgerüsts durch Reaktion zwischen Anisol (**9**) und 2-Furancarbonsäure (Schema 6). Die methoxysubstituierte 1-Naphthoesäure **10** wurde anschließend mit zwei Äquivalenten Methyllithium zum Methylketon **11** umgesetzt. Für die Einführung der chiralen Information wurde auf Ellman's Sulfinamid[78] als chirales Auxiliar zurückgegriffen. Durch Reaktion des

Ketons **11** mit (R)-(+)-tBu-Sulfinamid wurde ein chirales Imin gebildet, welches *in situ* bei –50 °C diastereoselektiv zum sekundären Amin **12** reduziert wurde. Die absolute Konfiguration des Hauptdiastereomers von **12** wurde nicht bestimmt. Aufgrund der von Ellman publizierten Ergebnisse mit einem Phenylsubstituenten anstelle der Naphthylgruppe[79] wurde angenommen, dass das gebildete Hauptdiastereomer ein (R)-konfiguriertes Kohlenstoffatom besitzt. Nach säulenchromatographischer Trennung der beiden Diastereomere **12a/b** wurde das chirale Auxiliar mit HCl abgespalten und das enantiomerenreine Ammoniumsalz **13** in quantitativer Ausbeute erhalten.

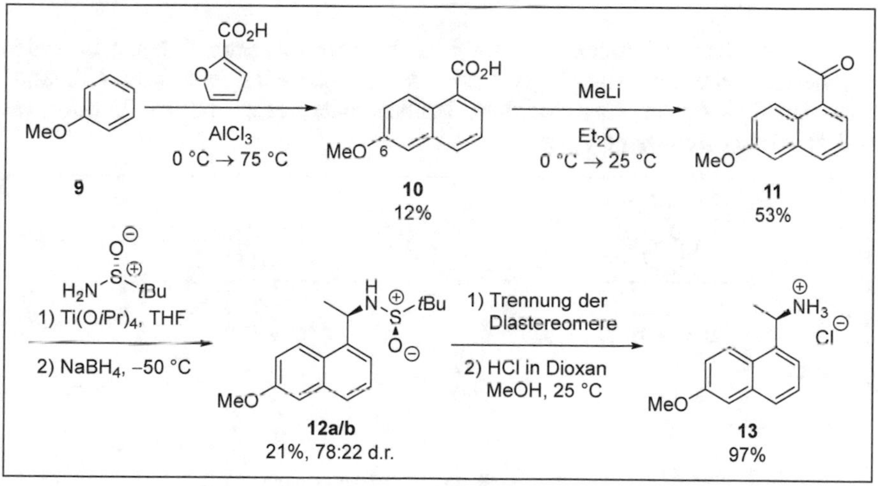

Schema 6: Synthese des 6-methoxysubstituierten chiralen Ammoniumsalzes **13**. Die absolute Konfiguration des chiralen Ammoniumsalzes **13** wurde nicht bestimmt (siehe Fließtext). Der erste Schritt der Synthesesequenz wurde von Christoph Schlepphorst durchgeführt.

Nach basischer Extraktion von Ammoniumsalz **13** wurde das freie Amin **14** mit Dibromethan zum Diamin **15** umgesetzt und das Rohprodukt mit Triethylorthoformiat in Gegenwart von Ammoniumtetrafluoroborat zum Imidazoliniumsalz **L6** cyclisiert (Schema 7).[66]

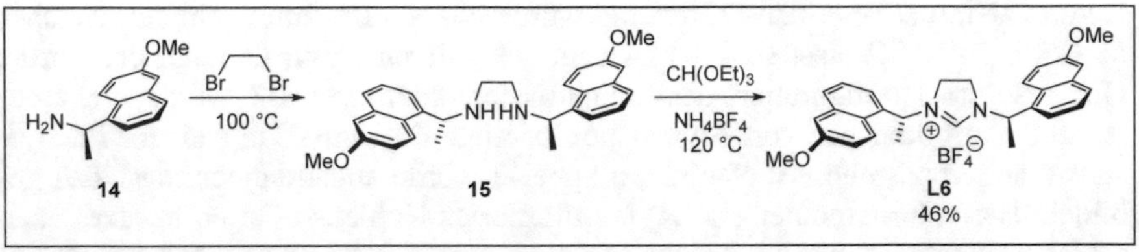

Schema 7: Synthese des Imidazoliniumsalzes **L6** durch Reaktion von zwei Äquivalenten des freien Amins **14** mit Dibromethan und anschließender Cyclisierung mit Triethylorthoformiat als C1-Baustein.

Neben dem elektronenreicheren 6-methoxysubstituierten SINpEt-Liganden wurde ein elektronenarmer Ligand mit Fluorsubstituenten in 6- und 7-Position des Naphthylrings in einer analogen Syntheseroute ausgehend von Difluorbenzol **16** synthetisiert (Schema 8).

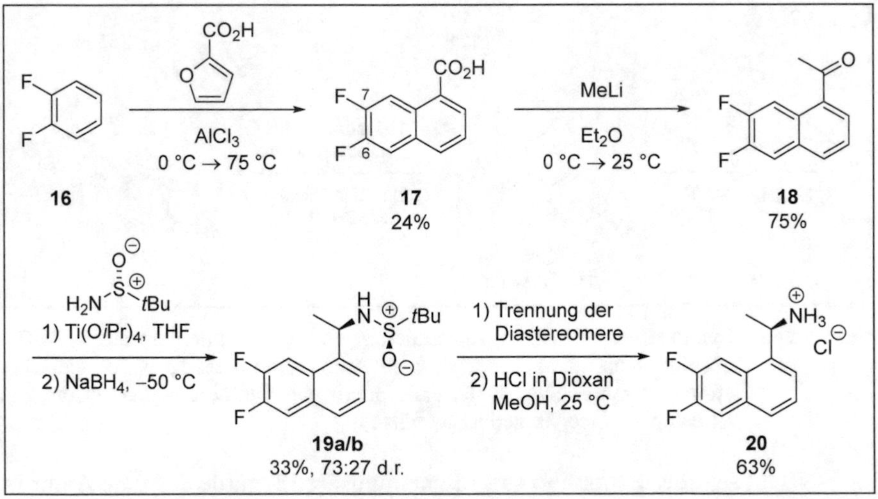

Schema 8: Synthese des 6,7-difluorsubstituierten chiralen Ammoniumsalzes **20**. Die absolute Konfiguration wurde nicht bestimmt. Es wurde analog zum 6-methoxysubstituierten Derivat angenommen, dass das Hauptdiastereomer von **19** ein (R)-konfiguriertes Kohlenstoffatom besitzt.

Im ersten Schritt wurde jedoch nicht selektiv die 6,7-difluorsubstituierte 1-Naphthoesäure **17a** gebildet, sondern ein Gemisch verschiedener Regioisomere (Schema 9).

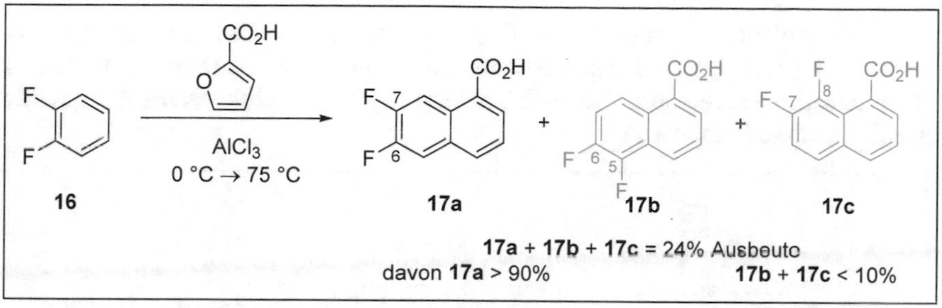

Schema 9:   Unselektive Bildung verschiedener difluorierter 1-Naphthoesäuren. Verhält-
nisse bestimmt durch ^{1}H-NMR.

Neben der 6,7-difluorierten Spezies als Hauptprodukt wurden vermutlich
die 5,6- und 7,8-difluorierten Naphthoesäuren als nicht abtrennbare Nebenpro-
dukte erhalten. Die weitere Synthese bis zum chiralen Ammoniumsalz **20** wurde
mit dem Gemisch durchgeführt, da die zwei weiteren Regioisomere auch im
weiteren Verlauf der Synthese nicht abgetrennt werden konnten. Umkristallisati-
on des Aminsalzes **20** und des nach Cyclisierung gewonnenen Imidazoliumsalzes **L7** blieb zusätzlich erfolglos, sodass schließlich ein Gemisch von sechs Re-
gioisomeren erhalten wurde (Schema 10).

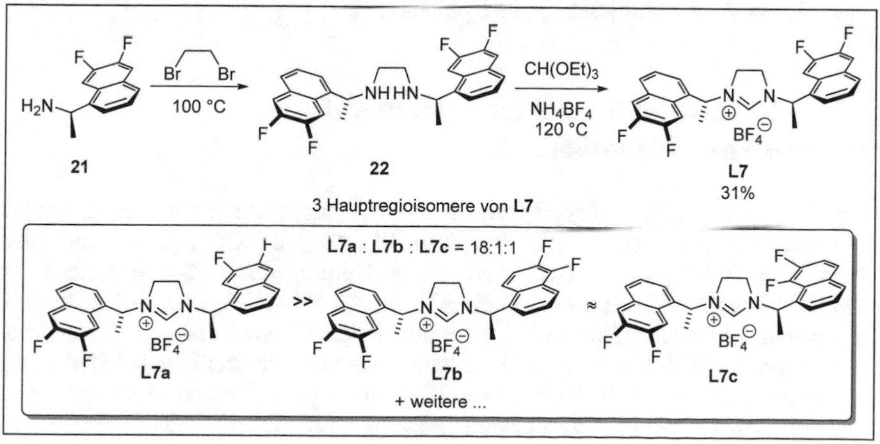

Schema 10:   Synthese des Imidazoliniumsalzes **L7** und Darstellung der drei wichtigsten
Regioisomere mit ihrer statistischen Verteilung.

Die geplante Synthese des 6-CF$_3$-substituierten SINpEt-Liganden **L8** wurde nicht weiter verfolgt, da durch die Umsetzung von Trifluormethylbenzol (**23**) mit 2-Furancarbonsäure nicht die 6-CF$_3$-substituierte 1-Naphthoesäure **24** gebildet werden konnte (Schema 11).

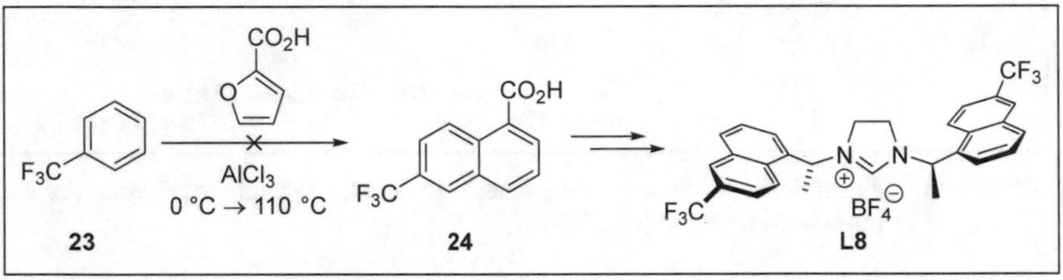

Schema 11:   Fehlgeschlagener Syntheseversuch des 6-CF$_3$-substituierten SINpEt-Liganden.

In der von Thomas beschriebenen Syntheseroute waren nur Naphthoesäuren aus fluorierten und chlorierten Aromaten zugänglich.[80] Der postulierte Mechanismus beginnt mit einer elektrophilen aromatischen Substitution in *para*-Position, die durch Substituenten mit +M-Effekt begünstigt wird. Da die CF$_3$-Gruppe einen −I-Effekt hat, könnte eine geringere Reaktivität hierbei ein möglicher Grund für die fehlgeschlagene Synthese sein.

1.7   Reaktivität der elektronisch modifizierten SINpEt-Liganden

Der Standardprozedur folgend wurden zwei Äquivalente des neuen Liganden (**L6** oder **L7**) mit [Ru(COD)(2-Methylallyl)$_2$] (**25**) und KO*t*Bu in *n*-Hexan über Nacht bei 70 °C gerührt. Bei erfolgreicher Bildung des Präkatalysators kann üblicherweise die Masse von [**K-LX**+H]$^+$ im ESI-MS detektiert werden. Im Fall der beiden Liganden **L6** und **L7** konnte die entsprechende Masse nur in minimalen Spuren im ESI-MS detektiert werden. Auch nach dreimaliger Wiederholung konnten hauptsächlich die Massen von [**L6**]$^+$ bzw. [**L7**]$^+$ im ESI-MS identifiziert werden, was auf eine fehlgeschlagene Komplexbildung hindeutet (Schema 12). Für den 6-methoxysubstituierten Liganden **L6** wurde zusätzlich erfolglos versucht, die Komplexbildung bei erhöhter Temperatur (100 °C) durchzuführen.

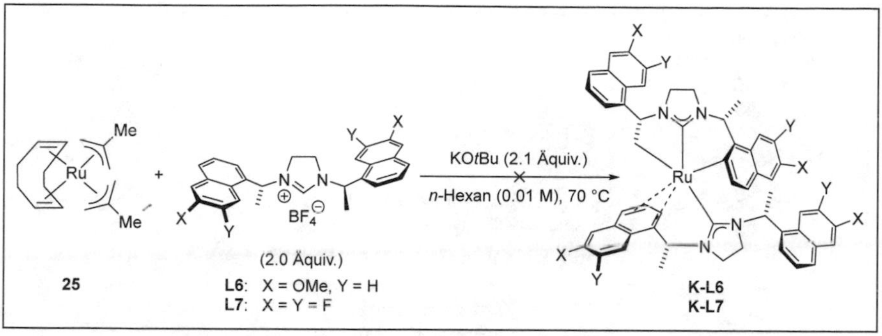

Schema 12: Fehlgeschlagene Darstellung des hydrieraktiven Präkatalysators mit den elektronisch modifizierten SINpEt-Liganden **L6** und **L7**.

Bei der Veränderung der Elektronik durch Einführung neuer Substituenten wird zwangsläufig auch die Sterik eines Systems verändert. Daher kann nicht eindeutig festgestellt werden, ob der elektronenliefernde Methoxysubstituent in **L6** aufgrund seines elektronischen Charakters oder durch den größeren sterischen Anspruch für die Nicht-Bildung des Präkatalysators verantwortlich ist. Erstaunlicher ist jedoch, dass auch mit dem 6,7-difluorsubstituierten Liganden **L6** kein Präkatalysator gebildet werden konnte, obwohl frühere Studien gezeigt haben, dass mit dem 6-monosubstituierten Liganden **L4** (siehe Abbildung 19) die Bildung eines hydrieraktiven Komplexes und die anschließende Hydrierung möglich ist. Da **L4** ebenfalls ein Gemisch verschiedener Regioisomere war, deutet dies darauf hin, dass das zweite Fluoratom die Komplexbildung verhindern könnte. Da Fluoratome im Allgemeinen einen nur unwesentlich größeren sterischen Anspruch als Wasserstoffatome besitzen, wird vermutet, dass es durch die Einführung eines zweiten Fluoratoms zu elektronischen Veränderungen innerhalb des Naphthylrings kommt, die einen negativen Einfluss auf die Bildung des Präkatalysators haben.

Trotz der fehlgeschlagenen Identifizierung des Präkatalysators durch ESI-MS-Analyse wurden die zwei neuen Ligandensysteme in der asymmetrischen Hydrierung von vier Standardsubstraten getestet (Schema 13).

Die vier Substrate, 2-Phenylbenzofuran (**26**), 6-Methyl-2,3-diphenyl-chinoxalin (**28**), 4-Phenylpyrimidin (**30**) und 2-Phenylpyrazin (**32**) wurden von Mitgliedern der Glorius-Gruppe für die Testreaktion neuer Ligandensysteme etabliert. Die bereits erfolgreich hydrierten Substrate **26** und **28** lassen eine Einschätzung der Leistung neuer Liganden durch Vergleich mit den bisherigen Ergebnissen zu. Für Pyrimidin **30** und Pyrazin **32** wurden noch keine zufriedenstellenden Umsätze oder Enantioselektivitäten während der Hydrierung erhalten.

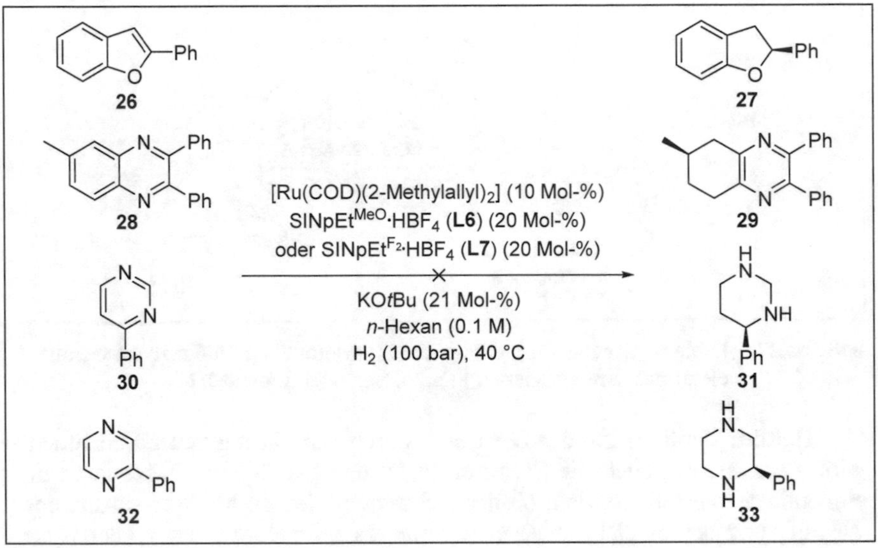

Schema 13: Fehlgeschlagene asymmetrische Hydrierung der vier Standardsubstrate mit den Katalysatorsuspensionen von **L6** und **L7**.

Durch GC-MS-Analyse konnten keine Produkte, sondern nur Startmaterialien identifiziert werden. Vermutlich wurde wie die fehlgeschlagene Identifizierung des Präkatalysators vermuten lässt, kein hydrieraktiver Komplex gebildet.

1.8   Zusammenfassung und Ausblick

Es wurden die zwei neuen elektronisch modifizierten Liganden SINpEt^{MeO}·HBF$_4$ (**L6**) und SINpEt^{F2}·HBF$_4$ (**L7**) synthetisiert. Sowohl mit dem elektronenreicheren Liganden **L6** als auch mit dem elektronenärmeren Liganden **L7** konnte vermutlich die Bildung eines hydrieraktiven Präkatalysator-Komplexes nicht realisiert werden. Aufgrund dessen schlugen alle nachfolgenden Tests in der asymmetrischen Hydrierung diverser Heteroaromaten fehl. Durch die lange, insgesamt sechsstufige Synthesesequenz, und der unvorhersehbaren Ergebnisse, ob sich ein hydrierfähiger Komplex bilden kann, erscheint die Synthese elektronisch modifizierter SINpEt-Liganden auf diese Weise wenig aussichtsreich.

2 Synthese chiraler 2-Oxazolidinone

2.1 Synthese chiraler 2-Oxazolidinone

Chirale 2-Oxazolidinone finden breite Anwendung als Auxiliare in der asymmetrischen Synthese.[81,82] Als prominentes Beispiel ist die Verwendung als Evans-Auxiliar zu nennen, welches viele stereoselektive Transformationen wie asymmetrische Aldolreaktionen,[83] Alkylierungen,[84] Diels-Alder-Reaktionen[85] und Hydrierungen[86] ermöglicht. Die breite Anwendung von Oxazolidinonen in der Synthese von Pharmaka, Antibiotika, Kosmetika und Lebensmittelzusätzen[87,88] ist Grund für die Notwendigkeit von vielseitigen, effizienten und enantioselektiven Syntheserouten von 2-Oxazolidinonen.

Die konventionelle Syntheseroute verläuft über chirale Aminoalkohole 34 mit Phosgenderivaten als C1-Cyclisierungsbaustein (Schema 14).[89,90] Die chirale Quelle sind natürliche Aminosäuren, deren Bandbreite durch ihre natürliche Verfügbarkeit zwangsläufig limitiert ist. Phosgen ist als Gas unpraktikabel und ebenso wie die Phosgenderivate, Diphosgen und Triphosgen extrem toxisch. Als ungefährlichere Alternative wurden Dialkylcarbonate etabliert, um Oxazolidinone 35 in hohen Ausbeuten zu synthetisieren.[91]

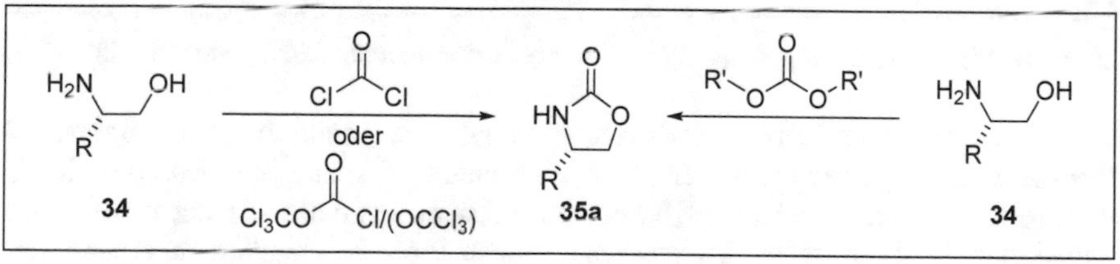

Schema 14: Traditionelle Syntheserouten von 2-Oxazolidinonen unter Verwendung toxischer Phosgenderivate oder Dialkylcarbonate als ungefährlichere Alternative.

Eine weitere Synthesemethode ist die oxidative Carbonylierung von chiralen Aminoalkoholen in Gegenwart eines Übergangmetallkatalysators und eines Gemisches von Kohlenstoffmonoxid und Sauerstoff (Schema 15).[92,93] Das toxische Kohlenstoffmonoxid kann teilweise durch Kohlenstoffdioxid ersetzt werden, aber die Limitierung dieser Methode durch hohe Drücke und Reaktionstemperaturen bleibt erhalten (Schema 15).[94–96]

© Springer Fachmedien Wiesbaden GmbH, ein Teil von Springer Nature 2019
M. Wollenburg, *Neuartige Carbenliganden für die selektive Hydrierung von Aromaten*, BestMasters, https://doi.org/10.1007/978-3-658-24608-2_2

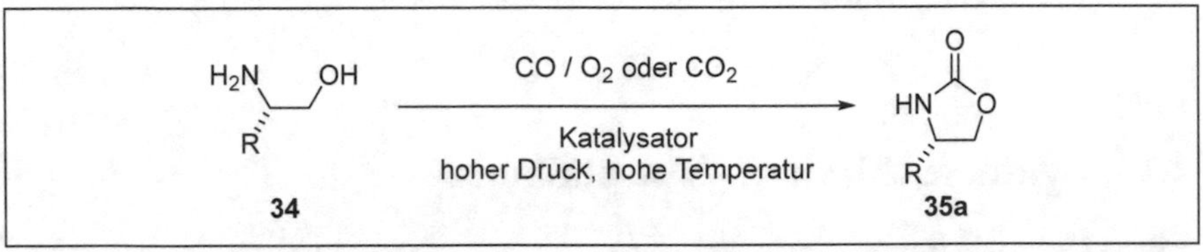

Schema 15: Oxidative Carbonylierung mit CO/O_2 und alternativer Reaktionsweg mit CO_2 für die Synthese von Oxazolidinonen aus chiralen Aminoalkoholen.

Bei der Verwendung von CO_2 als C1-Baustein können ebenso Aziridine **36** als Startmaterialien dienen (Schema 16). Das Problem der drastischen Reaktionsbedingungen wird jedoch nicht umgangen. Hinzu kommt, dass chirale Aziridine teuer und schlecht verfügbar sind und während der Synthese meist nicht selektiv in ein Regioisomer überführt werden, sondern ein Gemisch von 4- und 5-substituierten 2-Oxazolidinonen entsteht.[97–99]

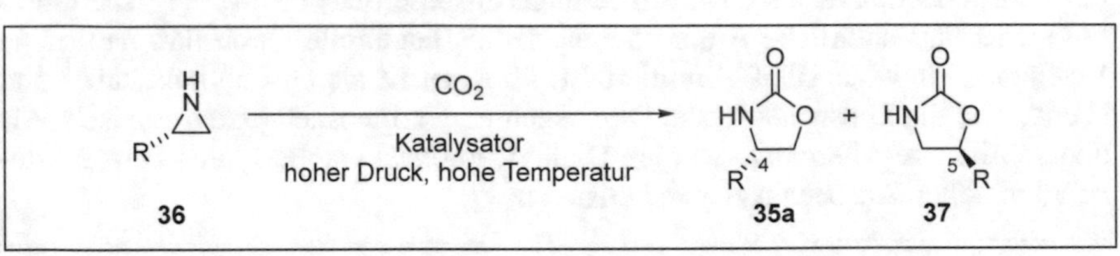

Schema 16: Synthese von Oxazolidinonen aus Aziridinen und Kohlenstoffdioxid.

Die asymmetrische Hydrierung leicht zugänglicher, achiraler 4-substituierter Oxazolone **38** stellt eine effiziente und grüne Synthese chiraler 2-Oxazolidinone dar. Im Jahr 2016 berichtete Zhang erstmals von der rhodiumkatalysierten Hydrierung cyclischer Enamidoester, die in exzellenten Ausbeuten, jedoch nur mit moderaten Enantioselektivitäten abläuft (Schema 17).[100] Durch die moderate Enantioselektivität, verknüpft mit einer geringen Substratbreite, verbleibt ein großes Potential zur weiteren Verbesserung dieser synthetisch wichtigen Reaktion.

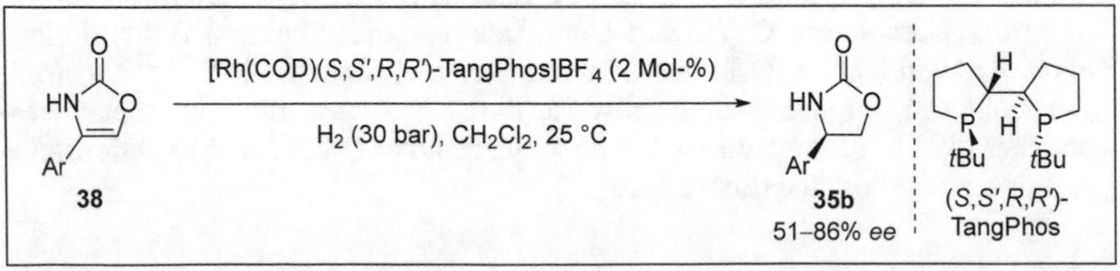

Schema 17: Asymmetrische Hydrierung von 4-substituierten 2-Oxazolonen mit einem chiralen Bisphosphin-Liganden; Ar = Arylrest.

2.2 Motivation und Zielsetzung

Eine optimierte Methode für den Zugang zu chiralen 4-substituierten 2-Oxazolidinonen durch asymmetrische Hydrierung wurde kürzlich von Dr. Wei Li entdeckt.[101] Das bekannte Katalysatorsystem, bestehend aus Ru(II) und dem SINpEt-Liganden **L1**, ist in der Lage, 2-Oxazolone des Typs **39** effizient asymmetrisch zu hydrieren. Nach Optimierung der Reaktionsbedingungen konnte das PMB-geschützte 4-Phenyloxazolidin-2-on **40** in 98% Ausbeute und 95% *ee* erhalten werden (Schema 18).

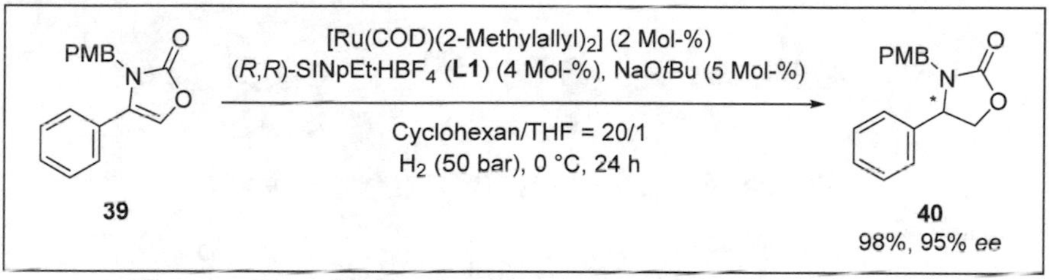

PMB ist para-Methoxybenzyl. Schema zeigt Reaktion von **39** zu **40**:

[Ru(COD)(2-Methylallyl)$_2$] (2 Mol-%)
(R,R)-SINpEt·HBF$_4$ (**L1**) (4 Mol-%), NaOtBu (5 Mol-%)

Cyclohexan/THF = 20/1
H$_2$ (50 bar), 0 °C, 24 h

39

40
98%, 95% *ee*

Schema 18: Optimierte Reaktionsbedingungen für das Standardsubstrat **39** in der Ru–NHC-katalysierten asymmetrischen Hydrierung; PMB = *para*-Methoxybenzyl.

Nachfolgend wurden weitere Substrate für die Ermittlung der Substratbreite und Toleranz von funktionellen Gruppen in der Ru–NHC-katalysierten Hydrierung von Oxazolonen synthetisiert und in der Hydrierung getestet.

2.3 Synthese der Startmaterialien

Für die Untersuchung der Substratbreite der asymmetrischen Ru–NHC-katalysierten Hydrierung von Oxazolonen wurden diverse Derivate synthetisiert. Als Startpunkt der Substratsynthese dienten verschieden substituierte kommerziell erhältliche Acetophenonderivate. Der erste Schritt der Substratsynthese besteht aus einer α-Hydroxylierung von Acetophenonderivat **41** mit (Diacetoxyiod)-benzol. Die erhaltenen α-Hydroxyketone **42** wurden mit Ausbeuten von 46–80% erhalten (Tabelle 1). Im nächsten Syntheseschritt wurden die α-Hydroxyketone **42** mit Kaliumisocyanat als C1-Baustein zu den entsprechenden 4-substituierten 2-Oxazolonen **43** in Ausbeuten von 14–60% cyclisiert (Tabelle 2).

Tabelle 1:   Synthese von α-Hydroxyketonen durch α-Oxidation von Acetophenonderi-
vaten mit (Diacetoxyiod)benzol.

42a, 59%   42b, 55%   42c, 46%

42d, 74%   42e, 53%   42f, 57%

42g, 69%   42h, 68%   42i, 80%

42j, 71%   42k, 61%   42l, 71%

1.0 Äquiv. Acetophenon **41** und 1.1 Äquiv. PhI(OAc)$_2$ wurden bei 25 °C in alkalischer Methanol-
Lösung über Nacht gerührt und anschließend in 3 M HCl hydrolysiert. Ausbeuten sind als isolierte Ausbeuten nach Säulenchromatographie angegeben.

Tabelle 2: Synthese von 4-substituierten 2-Oxazolonen durch Cyclisierung von α-Hydroxyketonen mit Kaliumisocyanat.

43a, 56%   **43b**, 50%   **43c**, 48%

43d, 37%   **43e**, 22%   **43f**, 41%

43g, 60%   **43h**, 47%   **43i**, 50%

43j, 43%   **43k**, 44%   **43l**, 14%

1.0 Äquiv. α-Hydroxyketon **42** und 2.0 Äquiv. KOCN wurden bei 50 °C in essigsaurer THF-Lösung über Nacht gerührt. Ausbeuten sind als isolierte Ausbeuten nach Säulenchromatographie angegeben.

Tabelle 3:   N-Schützung der Oxazolone durch Einführung der PMB-Schutzgruppe

| 43 | | 39 |

39a, 77%   39b, 77%   39c, 89%

39d, 80%   39e, 68%   39f, 69%

39g, 66%   39h, 77%   39i, 69%

39j, 65%   39k, 68%   39l, 82%

1.0 Äquiv. Oxazolon **43**, 1.3 Äquiv. PMB–Cl (*p*-Methoxybenzylchlorid) und Natriumhydrid (1.5 Äquiv.) wurden bei 25 °C in DMF gerührt. Ausbeuten sind als isolierte Ausbeuten nach Säulenchromatographie angegeben.

Nach Deprotonierung der 2-Oxazolone **43** durch Natriumhydrid und Umsetzung mit *para*-Methoxybenzylchlorid (PMB–Cl) wurden die PMB-geschützten O-xazolone **39** in Ausbeuten zwischen 65% und 89% erhalten (Tabelle 3).

2.4   Synthese chiraler 2-Oxazolidinone durch asymmetrische Hydrierung

Tabelle 4:   Enantioselektive Hydrierung von PMB-geschützten Oxazolonen zu 2-Oxazolidinonen.

40a	40b	40c	40d
86%, 89% *ee*	21%, 74% *ee*	89%, 95% *ee*	49%, 92% *ee*

0.2 mmol des PMB-geschützten Oxazolons **39** wurden für 24 h bei 0 °C in einer Cyclohexan/THF-Lösung mit 2 Mol-% Katalysatorsuspension in *n*-Hexan und 50 bar H₂ gerührt. Ausbeuten sind als isolierte Ausbeuten nach Säulenchromatographie angegeben. Der *ee* wurde über HPLC mit chiraler stationärer Phase bestimmt.

Vier der synthetisierten PMB-geschützten Oxazolone **39** wurden in der asymmetrischen Hydrierung umgesetzt (Tabelle 4). Das Lösungsmittelverhältnis von Cyclohexan zu THF ist entscheidend für die Selektivität und Reaktivität. Dabei verringert THF die Selektivität, wird aber vermutlich für die Löslichkeit der Substrate benötigt, sodass ohne THF eine verminderte Reaktivität beobachtet wurde. Als weiteres Lösungsmittel ist zudem *n*-Hexan, das aus der Katalysatorsuspension stammt, vorhanden. Die enantiomerenangereicherten 4-substituierten 2-Oxazolidinone **40** wurden in Ausbeuten von 21–89% und Enantioselektivitäten zwischen 74–95% erhalten. Sehr gute Ausbeuten von 86% und 89% kombiniert mit sehr guten Enantioselektivitäten von 89% *ee* und 95% *ee* konnten für die *para*- bzw. *ortho*-methylsubstituierten Oxazolidinone **40a** / **40b**, erhalten werden. Oxazolidinon **40b** mit *meta*-Methylsubstituent wurde in nur 21% Ausbeute und 74% *ee* gebildet. Eine mögliche Ursache für die geringe Ausbeute von **40b** könnten Löslichkeitsprobleme sein. Dies könnte ebenfalls für das polare Trifluormethyl-Substrat **40d** zutreffen und die geringe Ausbeute von 49% erklären. Jedoch konnte ein sehr guter *ee* von 92% erreicht werden. Oxazolon **40b** und **40d** konnten nach weiterer Optimierung durch Dr. Wei Li in 95% Ausbeute und 94% *ee* bzw. 98% Ausbeute und 96% *ee* erhalten werden.

2.5   Zusammenfassung und Ausblick

In einer dreistufigen Synthesesequenz wurden zwölf Substrate mit verschiedenen Substitutionsmustern für die enantioselektive Hydrierung von 2-Oxazolonen dargestellt. Erste Testergebnisse zeigen vielversprechende Möglichkeiten für die Substratbreite der asymmetrischen Hydrierung. In Zukunft soll die Anwendbarkeit der asymmetrischen Hydrierung für 4-alkyl- und 4-heteroarylsubstituierte Substrate ausgeweitet werden. Zudem muss durch Bestimmung des optischen Drehwertes oder Kristallstrukturuntersuchungen festgestellt werden, welches Hauptenantiomer während der enantioselektiven Hydrierung gebildet wird. Weiterhin sind die enantiomerenangereicherten Oxazolidinone interessante Startpunkte für die Synthese unnatürlicher Aminosäuren (Schema 19).

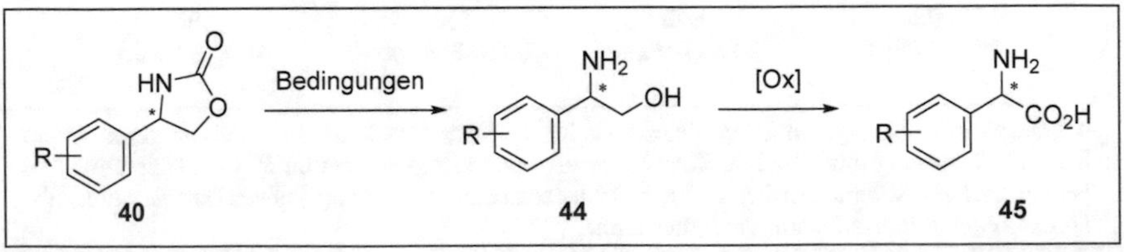

Schema 19:   Synthese unnatürlicher Aminoalkohole und Aminosäuren durch Carbamatspaltung mit anschließender Oxidation.

3 Synthese neuartiger CAACs und CAArCs

3.1 CAACs und CAArCs – Struktur und Eigenschaften

2005, ein Jahrzehnt nach Arduengos Durchbruch mit der Isolierung des ersten freien NHCs, wurde eine weitere Klasse stabiler Carbene von Bertrand beschrieben: Cyclische (Amino)(Alkyl)Carbene (CAACs).[102] Durch Substitution eines σ-elektronenziehenden und π-donierenden Stickstoffsubstituenten durch eine σ-donierende, aber nicht π-donierende Alkylgruppe sind CAACs sowohl stärkere σ-Donoren als auch π-Akzeptoren im Vergleich zu NHCs. Dies wurde experimentell durch TEP-Messungen sowie ^{31}P-NMR- und ^{77}Se-NMR-Untersuchungen belegt.[103–105] 2015 wurde durch Bertrand eine neue, nahe verwandte Klasse von Carbenen synthetisiert. Substitution der Alkylgruppen durch einen anellierten Aromaten gab Zugang zu Cyclischen (Amino)(Aryl)Carbenen (CAArCs).[106] Der Ersatz der Alkylgruppe durch eine Arylgruppe, die als π-Donor und π-Akzeptor wirken kann, ändert die elektronischen Eigenschaften von CAArCs im Vergleich zu CAACs und NHCs deutlich (Abbildung 21).

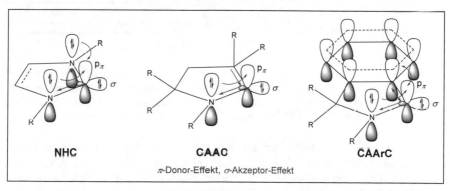

Abbildung 21: Vergleich der elektronischen Konfiguration von NHCs, CAACs und CAArCs im Singulettgrundzustand.

Durch DFT-Berechnungen wurde herausgefunden, dass der Arylsubstituent in CAArCs als π-Akzeptor wirkt und eine deutliche energetische Absenkung des LUMOs und damit erhöhte Elektrophilie am Carbenzentrum nach sich zieht (Abbildung 22).[106] Die Nukleophilie von CAArCs ist etwas geringer als von CAACs, aber immer noch höher als die von NHCs, sodass die beiden neu entdeckten Spezies als sehr elektronenreiche, nukleophile Carbene gelten. Zusam-

© Springer Fachmedien Wiesbaden GmbH, ein Teil von Springer Nature 2019
M. Wollenburg, *Neuartige Carbenliganden für die selektive Hydrierung von Aromaten*, BestMasters, https://doi.org/10.1007/978-3-658-24608-2_3

menfassend sind CAACs und CAArCs sowohl nukleophiler als auch elektro-
philer als klassische NHCs. Unter anderem resultiert daraus eine sehr starke
Carben–Metall-Bindung, was zu außerordentlich robusten Komplexen führt.
Weiterhin zeigen die geringeren TEP-Werte, dass CAA(r)C-Metallkomplexe
elektronenreicher als ihre NHC-Analoga sind.[105]

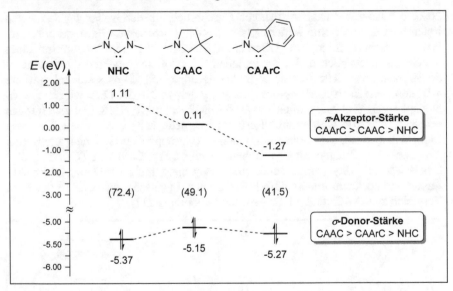

Abbildung 22: HOMO- und LUMO-Energien (eV) verschiedener Carbene mit entsprechenden Singulett-Triplett-Abstand in Klammern (kcal·mol^{-1}). Berechnet
auf B3LYP/TZVP-Level.

Nicht nur elektronisch, sondern auch sterisch ergeben sich Unterschiede zu
klassischen Liganden wie Phosphinen und NHCs (Abbildung 23). CAArCs sind
vergleichsweise sterisch weniger anspruchsvoll als NHCs, da der anellierte Arylring mit dem Carbenring in einer Ebene liegt.

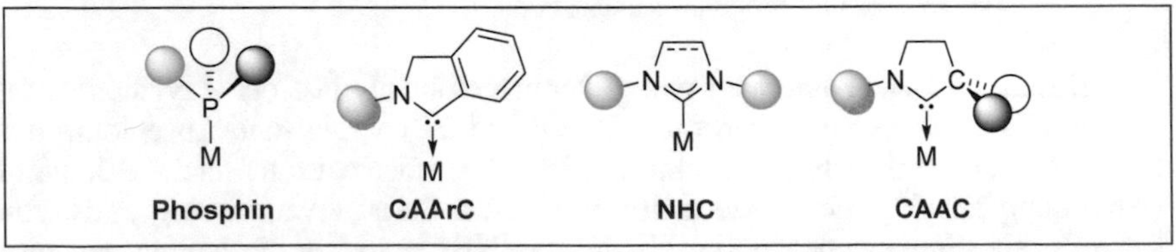

Abbildung 23: Schematische Darstellung der unterschiedlichen sterischen Umgebung
verschiedener Liganden.

Durch Modifikation des Arylrings lassen sich jedoch auch sterisch anspruchsvollere CAArC-Derivate synthetisieren. CAACs hingegen sind durch das quartäre Kohlenstoffatom in der α-Position zum Carbenzentrum sterisch anspruchsvollere Liganden.[105] Als Konsequenz dieser elektronischen und sterischen Eigenschaften finden CAACs Anwendung als Liganden in der Übergangsmetallkatalyse, in der Aktivierung kleiner Moleküle wie H_2 und P_4 sowie enthalpisch starker Bindungen, und in der Stabilisierung von ungewöhnlichen dia- und paramagnetischen Hauptgruppenelement- und Übergangsmetall-Komplexen.[107,108]

3.2 CAAC- und CAArC-Synthese

Die Synthese von CAACs beginnt mit dem entsprechenden Imin **46**, welches aus Kondensation eines Amins mit einem Aldehyd gewonnen wird. Deprotonierung von **46** mit LDA liefert ein Azaallyl-Anion, welches in der ersten Syntheseroute (**I**) nukleophil an 1,2-Epoxy-2-methylpropan angreifen kann. Die Reaktion von Alkoxyaldimin **47** mit Trifluormethansulfonsäureanhydrid liefert ein Triflat, welches durch intramolekulare nukleophile Substitution als Schlüsselschritt zum Aldiminiumsalz **49** cyclisiert. (Schema 20).[102]

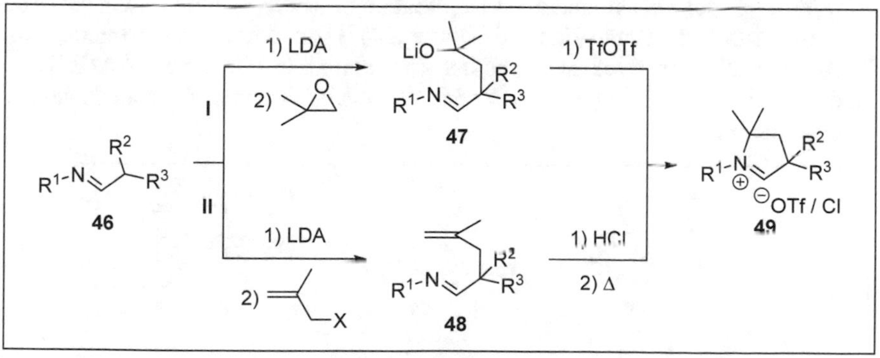

Schema 20: Synthesestrategien für die Darstellung von CAAC-Vorläufern.

Zwei Jahre später wurde von Bertrand eine verbesserte Synthese von CAACs vorgestellt (**II**).[109] Nach Deprotonierung von Aldimin **46** durch LDA reagiert das Azaallyl-Anion mit 3-Halogen-2-methylpropen zum Alkenylaldimin **48**. Dieses wird anschließend durch stöchiometrische Mengen HCl zum Iminiumsalz protoniert und bei erhöhter Temperatur in einer Hydroiminiumierung intramolekular zu Aldiminiumsalz **49** cyclisiert. Diese Syntheseroute liefert in der Regel höhere Ausbeuten, lässt sich leichter auf einen größeren Maßstab übertragen und kommt ohne toxische Epoxide aus. Für beide Routen sind eine Vielfalt von R^2- und R^3-Substituenten möglich. Auffällig ist, dass in beiden Routen ein quartäres Kohlenstoffatom in der α-Position zum Stickstoff benötigt wird. Die zur Synthese des freien Carbens benötigten starken Basen können durch Deprotonierung sonst zu Azomethin-Yliden führen (Schema 21).[110] Generell werden für die Deprotonierung und Bildung der freien Carbene aus CAA(r)Cs stärkere Basen als für NHCs benötigt, da durch Austausch des Stickstoffs durch Kohlenstoff die Carbene basischer und instabiler sind.

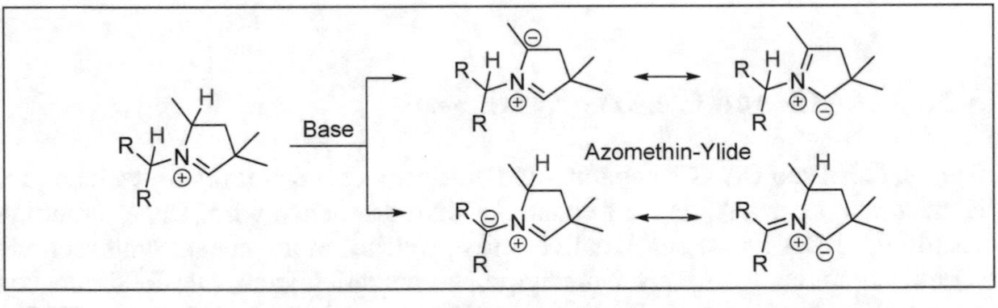

Schema 21: Limitierungen in der Synthese von freien CAACs durch Protonen in α-Position zum Stickstoff.

Trotz dieser Einschränkungen ist bereits eine große Vielfalt an CAAC-Vorläufern synthetisch zugänglich (Abbildung 24). Bemerkenswert sind zudem die kürzlich erschienen Synthesemethoden für hemilabile bidentate CAACs **54**[111] und bicyclische CAACs (BICAACs) **55**[112], welche Potential für neue Katalysatorsysteme bieten.

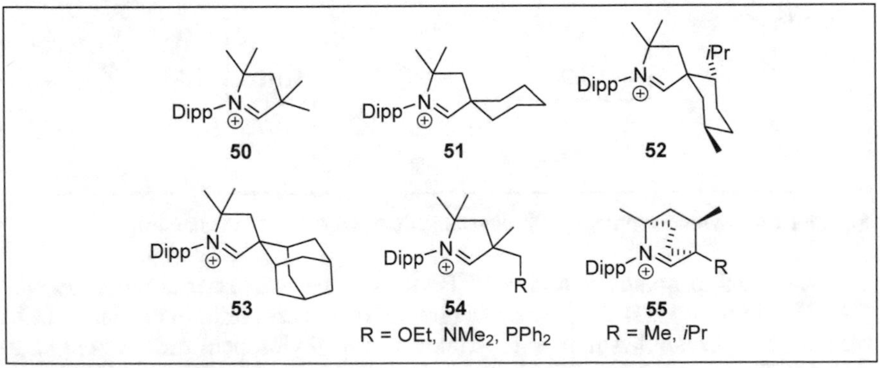

Abbildung 24: Strukturelle Variationen ausgewählter CAAC-Vorläufer.

Die Synthese von CAArCs startet in der Regel mit der quantitativen Umsetzung von primären Aminen **56** und 2-Brombenzaldehyden **57** zu Imin **58**. Nach Lithium-Brom-Austausch mit *n*BuLi erfolgt die Addition von Benzophenon und anschließende Cyclisierung mit Trifluormethansulfonsäureanhydrid zum Isoindoliumsalz **59** in einer Eintopfprozedur (Schema 22).[106] Bisher ist nur die Verwendung von Benzophenon als Cyclisierungsbaustein bekannt. Diese Limitierung beruht wahrscheinlich auf der durch die Phenylgruppen gewährleisteten Stabilisierung des Trityl-Kations, das nach Abspaltung des Triflat-Anions in der Cyclisierung gebildet wird.

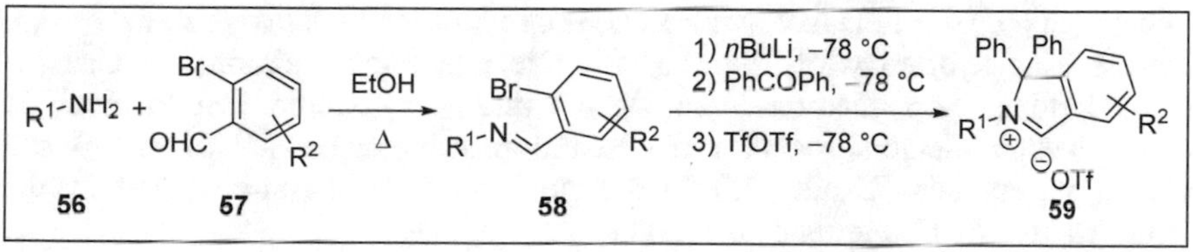

Schema 22: Synthese von Isoindoliumsalzen als CAArC-Vorläufer.

Die Synthese gibt Zugang zu einer Reihe von CAArC-Vorläufern mit Variation des Stickstoffsubstituenten und Arylgerüsts **60–65** (Abbildung 25). Es sind ebenso chirale Isoindoliumsalze **63**, dargestellt aus enantiomerenreinen Aminen, wie elektronisch modifizierte CAArC-Vorläufer verfügbar **65**.

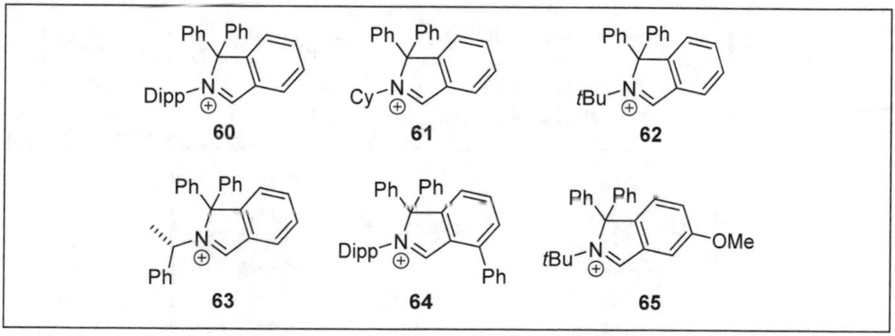

Abbildung 25: Ausgewählte Isoindoliumsalze als CAArC-Vorläufer.

3.3   CAACs als Liganden in der Hydrierung

Für Anwendungen in der Katalyse sind die bei CAACs/CAArCs besonders stabilen Metall-Ligand-Bindungen und die durch den Liganden induzierte hohe Elektronendichte am Metallzentrum interessant. Hervorzuheben ist die Verwendung von elektronenreichen Rh–CAAC-Komplexen in der selektiven Hydrierung von Aromaten. Zeng berichtete 2015 von der ersten Hydrierung mit CAAC-Liganden.[113] Die verwendeten Rh–CAAC-Komplexe **72** und **73** sind ein effizientes Katalysatorsystem für die Hydrierung von aromatischen Ketonen **66** und Phenolen **69**, wobei die reaktivere Ketogruppe erhalten bleibt und nur der aromatische Ring hydriert wird (Schema 23). Die tolerierten funktionellen Gruppen sind Ketone, Ester, Carbonsäuren, Amide und Aminosäuren. Ein Nachteil der entwickelten Methode ist, dass die Reaktionsbedingungen wie H_2-Druck und Katalysatorsystem (**72** oder **73**) für die meisten Substrate neu optimiert werden müssen, um die Ketogruppe zu erhalten.

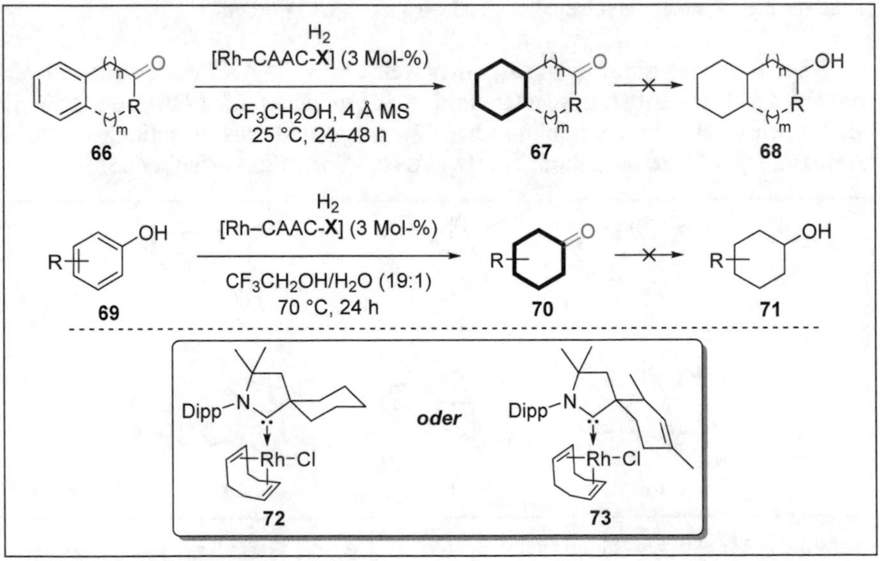

Schema 23:   Selektive Hydrierung von aromatischen Ketonen und Phenolen mit Rh–CAAC-Komplexen.

Eine weitere bemerkenswerte Umsetzung, die durch Rh–CAAC-Komplex **72** katalysiert wird, ist die kürzlich von Glorius berichtete Hydrierung von Fluoraromaten **74** zu all-*cis*-(multi)fluorierten Cycloalkanen **75** (Schema 24).[114] All-*cis*-multifluorierte Cycloalkane **75** besitzen durch das extrem hohe Dipolmoment, das durch die orthogonal zum aliphatischen Ring stehenden C–F-Bindungen verursacht wird, viele mögliche Anwendungen in den Materialwissenschaften sowie der Agro- und Pharmaindustrie. Der synthetische Zugang zu fluorierten, gesättigten Cycloalkanen benötigt auf klassischem Weg aufwändige, mehrstufige Synthesen. Der Zugang über Hydrierung der leicht zugänglichen Fluoraromaten wurde zuvor durch die Hydrodefluorierung als Nebenreaktion verhindert (siehe Kap. 3.4).

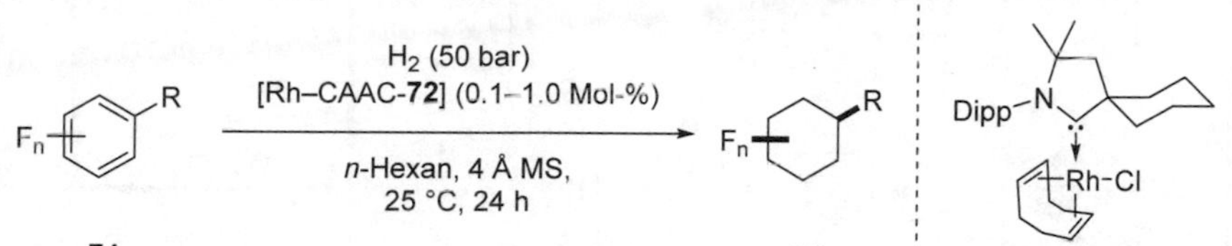

Schema 24: Selektive Hydrierung von Fluoraromaten zu cis-Fluorcycloalkanen.

3.4 Hydrierung von Halogenaromaten

Die Hydrierung von Halogenaromaten ist, mit Ausnahme der kürzlich erschienen Hydrierung von Fluoraromaten,[114] kaum erforscht. Das vermutlich größte Problem in der Hydrierung von Halogenaromaten, das die Entwicklung eines breit anwendbaren Protokolls bisher verhindert hat, ist die unerwünschte Hydrodehalogenierung (Abbildung 26).[114–116] Als Hydrodehalogenierung wird die Hydrierung mit gleichzeitiger Substitution des Halogenatoms durch ein Wasserstoffatom verstanden (**76 → 77**). Dies kann über oxidative Addition oder nukleophile aromatische Substitution von **76** zu **78** mit anschließend vollständiger Hydrierung des Aromaten zum Nebenprodukt **77** geschehen. Ein weiterer Mechanismus ist die β-Halogeneliminierung vom Alkyl-Metall-Komplex **79** zu **78** bzw. **80**, gefolgt von der Reduktion zum vollständig gesättigten Cycloalkan **77**. Weiterhin ist eine Lewis-Säure- (LA) oder Brønsted-Säure- oder -Base-katalysierte HX-Eliminierung ausgehend vom gewünschten Produkt **81** zum Olefin **80** möglich, welches anschließend zum unerwünschten hydrodehalogenierten Produkt **77** hydriert wird.[117]

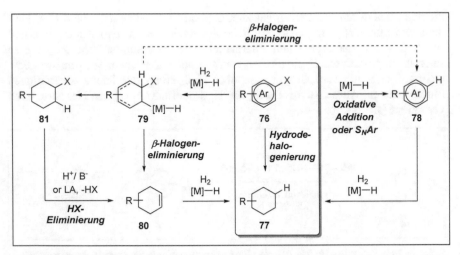

Abbildung 26: Mechanismen für die Hydrodehalogenierung als Nebenreaktion bei der Hydrierung von Halogenaromaten.

So sind für die Hydrierung von Chlorbenzol **82** zu Chlorcyclohexan **83** nur zwei Methoden bekannt. Die Hydrierung mit auf Silikagel aufgebrachten Platin-Eisen-Komplexen ist die einzige Methode, die mild und selektiv abläuft. Die Methode ist jedoch auf Chlorbenzol als einziges Substrat beschränkt.[118] Eine weitere heterogene Methode nutzt Palladium-Nanopartikel auf Kohlenstoffnitrid funktionalisiertem Silikagel (Pd/S-C) als Katalysator, ist jedoch wenig selektiv und ebenfalls auf wenige Substrate beschränkt (Schema 25).[119]

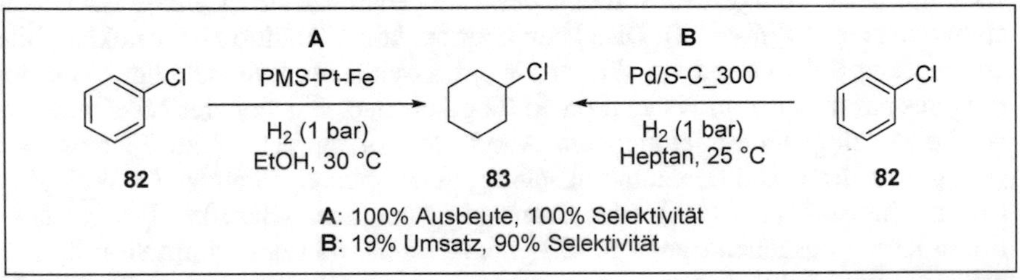

Schema 25: Hydrierung von Chlorbenzol zu Chlorcyclohexan. PMS = Silika-supported cross-linked poly[(Maleinsäure)-co-Styrol]; Pd/S-C_300: Palladium-Nano-partikel auf Kohlenstoffnitrid-Silika-Komposit (S-C), hergestellt bei einer Temperatur von 300 °C.

Für die Hydrierung bromierter Aromaten wurde nur ein Beispiel in der Literatur berichtet. Rhodium-Nanopartikel auf einem Nanozeolith-Support katalysieren die Hydrierung von Brombenzol **84** zu Bromcyclohexan **85** mit hoher Effizienz und Selektivität ohne Debromierung (Schema 26).[120] Die Autoren dieser Studie zeigten jedoch nur einen bromierten Aromaten als Substrat.

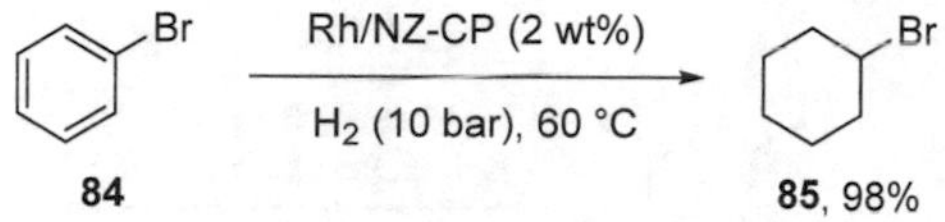

Schema 26: Heterogene Hydrierung von Brombenzol zu Bromcyclohexan; NZ-CP = Nanozeolith unterstützte Rh-Nanopartikel. Die Ausbeute wurde durch GC-Analyse bestimmt.

Basierend auf dem Erfolg der Rh–CAAC-Komplexe in der selektiven Hydrierung von Fluoraromaten ist das Design neuer sterisch anspruchsvoller Liganden ein vielversprechender Ansatz für die Hydrierung weiterer halogenierter Aromaten.

3.5 Ligandendesign in der homogenen Katalyse

Das rationale Design von Liganden und Metallkomplexen für die Erhöhung der katalytischen Effizienz ist ein erstrebenswertes Ziel in der homogenen Übergangsmetallkatalyse. Das Design war primär auf Liganden fokussiert, da die Reaktivität, Selektivität und Stabilität von Übergangsmetallverbindungen in homogenen Katalysen maßgeblich durch die Ligandenumgebung bestimmt wird. Das Konzept des Ligandendesigns bietet mehrere komplementäre Vorgehensweisen. Erfahrung und Verständnis über den Mechanismus und molekulare Modellierung können als Grundlage für ein rationales Ligandendesign dienen. Eine Vielzahl an neuen Liganden wurde jedoch durch empirische Screening-Methoden und Zufallsfunde hervorgebracht.[121] In der Vergangenheit konnten einige erfolgreiche Liganden für übergangsmetallkatalysierte Kreuzkupplungen entwickelt werden. Neben dem Design neuer Phosphin-Liganden[122,123] wurden ebenso neue N-heterocyclische Carbene in besonders anspruchsvolle Kreuzkupplungen eingesetzt.[124] Eine der anspruchsvollsten Aufgaben für Kreuzkupplungen ist die Bildung tetra-*ortho*-substituierter Biaryle unter milden Bedingungen. Im Jahr 2004 gelang Glorius erstmals die Darstellung tetra-*ortho*-substituierter Biaryle **88** mit großen *ortho*-Substituenten durch Suzuki-Miyaura-Kreuzkupplung (Schema 27).[125]

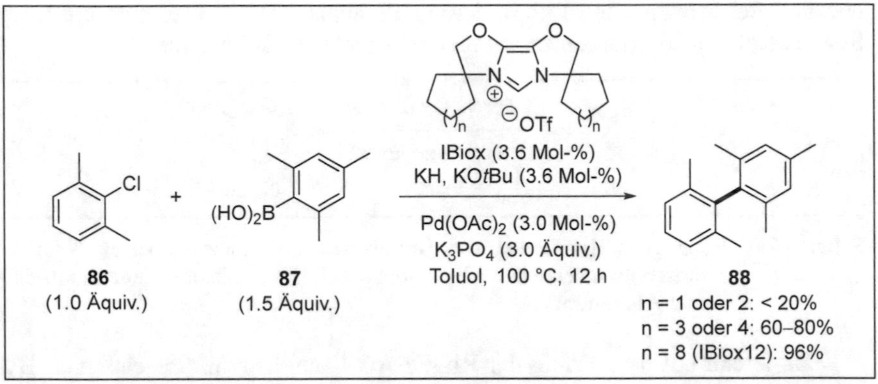

Schema 27: Suzuki-Miyaura-Kreuzkupplung von di-ortho-substituierten Arylchloriden
und Arylboronsäuren mit IBiox-Liganden. Die Ausbeuten sind als GC-
Ausbeuten angegeben.

Der Schlüssel zum Erfolg war der sterisch sehr anspruchsvolle IBiox-Ligand. Sterisch anspruchsvollere IBiox-Liganden ergaben effizientere Kreuzkupplungen. Der elektronenreiche IBiox-Ligand ist nicht nur sterisch anspruchsvoll,
sondern auch flexibel. Daher lässt dieser die Anlagerung sterisch gehinderter
Substrate zu. Gleichzeitig kommt es durch den sterischen Anspruch zur Monoli-
gation des Palladiums und somit zu einer einfacheren reduktiven Eliminierung.
Es wird vermutet, dass Konformation **a** es dem Metall erlaubt selbst mit sterisch
gehinderten Substraten eine oxidative Addition einzugehen und die Transmetallierung zu erleichtern, wohingegen die sterisch anspruchsvollen Konformatio-
nen **b** und **c** die reduktive Eliminierung beschleunigen (Schema 28).

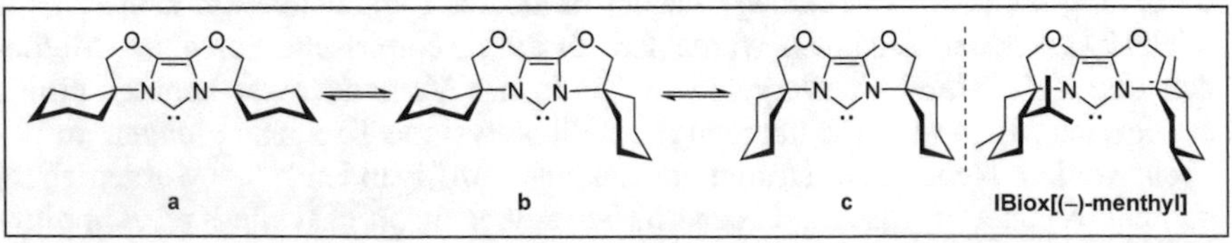

Schema 28: Flexibler sterischer Anspruch des IBiox6-Carbens. Drei mögliche Konfor-
mationen mit von links nach rechts steigendem sterischen Anspruch.

Mit dem IBiox[(−)-menthyl]-Liganden gelang es Glorius, Konformation **c**
zu fixieren, indem sterisch anspruchsvolle Substituenten, welche die äquatoriale
Position am Cyclohexylring bevorzugen, angebracht wurden. Zudem erlaubt der
chirale, C_2-symmetrische Ligand die enantioselektive Bildung von Oxindo-
len.[126]

Ein weiteres Beispiel für die Effizienz sterisch sehr anspruchsvoller NHCs ist das von Organ eingeführte und weiterentwickelte Pd–PEPPSI-System (PEPPSI ist ein Akronym für „*pyridine-enhanced precatalyst preparation, stabilization, and initiation*").[127] Bei der Bildung des sterisch anspruchsvollen Biaryls **91** durch Suzuki-Miyaura-Kupplung von 2,6-Dimethylphenylboronsäure **89** mit 1-Brom-2-methoxynaphthalin **90** wurden verschiedene Pd–PEPPSI-Komplexe evaluiert (Schema 29).[128] Der sterische Anspruch in den *N*-Phenylsubstituenten des NHC-Liganden wurde weiter erhöht und die Auswirkung auf die Reaktivität untersucht. Generell wurde festgestellt, dass für eine hohe katalytische Aktivität eine Verzweigung am benzylischen Kohlenstoffatom des *ortho*-Alkylsubstituenten notwendig ist (vgl. *i*Bu vs. *i*Pent). Solange eine α-Verzweigung vorhanden war, wurde die katalytische Aktivität mit erhöhtem sterischen Anspruch gesteigert (vgl. *i*Pr vs. *i*Pent). Zuletzt wirkte sich ein sterisch anspruchsvoller und zugleich flexibler Alkylsubstituent positiv auf die Aktivität aus (vgl. *c*Pent vs. *i*Pent).

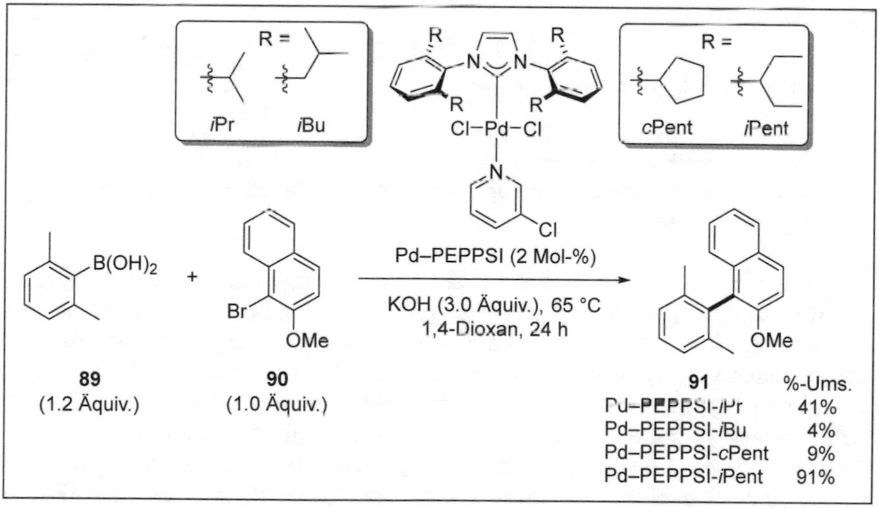

	%-Ums.
Pd–PEPPSI-*i*Pr	41%
Pd–PEPPSI-*i*Bu	4%
Pd–PEPPSI-*c*Pent	9%
Pd–PEPPSI-*i*Pent	91%

Schema 29: Evaluation von Pd–PEPPSI-Komplexen in der Synthese von tetra-ortho-substituierten Biarylen durch Suzuki-Miyaura-Kreuzkupplung. Die prozentualen Umsätze wurden durch GC-MS-MS mit Undecan als kalibrierten internem Standard bestimmt.

3.6   Motivation und Zielsetzung

Aufbauend auf der erfolgreichen Hydrierung von Fluoraromaten ist eine Ausweitung der Methode auf die Hydrierung von weiteren halogenierten Aromaten interessant. Da die Bindungsdissoziationsenergie (BDE) der C–Halogen-Bindung mit der Periode abnimmt, wurden primär chlorierte und bromierte Aromaten in Betracht gezogen. Entscheidend hierbei ist, dass die aufgrund der geringeren BDE (Fluorbenzol: 127 kcal/mol, Chlorbenzol: 97 kcal/mol, Brombenzol: 84 kcal/mol)[129] noch einfachere Hydrodehalogenierung (siehe Kap. 3.4) unterdrückt werden muss.[116] Weitere interessante Substrate sind fluorierte Pyridine **94** und fluorierte aromatische Thiole **95**, deren Hydrierung wahrscheinlich durch (ir)reversible Koordination an Übergangsmetallkatalysatoren limitiert ist. Besonders der einfache Zugang zu gesättigten fluorierten Piperidinen ist erstrebenswert, da diese als Strukturmotive in pharmazeutischen Wirkstoffen interessant sein können (Abbildung 27).

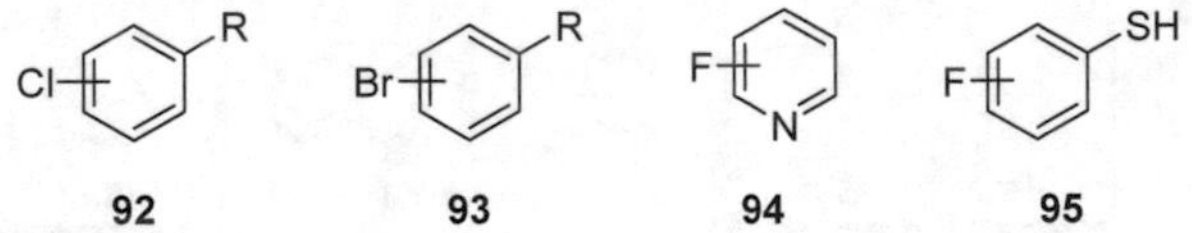

Abbildung 27: Herausfordernde halogenierte Substrate für die selektive Aromatenhydrierung.

Ein vielversprechender Ansatz zur Entwicklung eines Katalysatorsystems für die selektive Hydrierung von Halogenaromaten ist das Design sterisch anspruchsvoller Liganden basierend auf dem in der Hydrierung von Fluoraromaten verwendeten CAAC- sowie dem verwandten CAArC-Gerüst. Für beide Liganden kann der sterische Anspruch am einfachsten durch Variation der N-Phenylsubstituenten verändert werden. Bei CAArCs kann die Sterik zudem durch Einführung weiterer Substituenten am Arylring beeinflusst werden. Durch Variation dieser beiden Positionen sollen neue Carbenvorläufer für die selektive Hydrierung von Halogenaromaten synthetisiert werden (Abbildung 28).

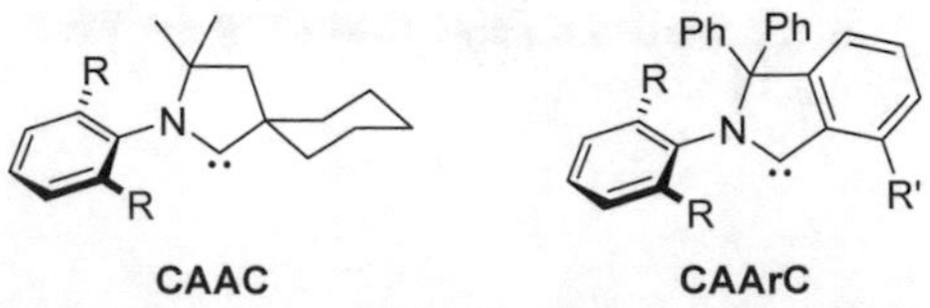

Abbildung 28: Zielstrukturen für sterisch anspruchsvolle CAAC- und CAArC-Liganden; R und R' = sterische anspruchsvolle Reste.

Basierend auf der mechanistischen Analyse der bekannten Reaktionswege für die Hydrodehalogenierung könnte ein sterisch anspruchsvoller Ligand die Nebenreaktion auf mehreren Reaktionspfaden verhindern. So würde ein gehinderterer Metallkomplex die oxidative Addition in die C–X-Bindung und die nukleophile aromatische Substitution mit Metallhydriden, die beide zum dehalogenierten Aromaten führen, erschweren. Durch den sterischen Anspruch könnte weiterhin die reduktive Eliminierung gegenüber der β-Halogen-Eliminierung beschleunigt werden, sodass das hydrierte Produkt anstelle eines dehalogenierten Alkens erhalten wird (siehe Abbildung 26, Seite 44). Sterisch anspruchsvolle Liganden könnten darüber hinaus die irreversible Koordination durch Fluorpyridine und Thiole und damit Vergiftung des Katalysators verhindern und nach erfolgter Hydrierung die Dissoziation des gesättigten Produktes vom Metallkomplex beschleunigen.

3.7   Hydrierung von Chloraromaten

Die Studien für die Hydrierung chlorierter Aromaten begannen mit TBS-geschütztem *p*-Chlorphenol **96**, das unter den für fluorierte Aromaten optimierten Reaktionsbedingungen umgesetzt wurde. Mittels semiquantitativer GC-MS-Analyse konnten Spuren des gewünschten Produkts **98** identifiziert werden. Die Gesamtreaktivität und -selektivität war jedoch gering. Hauptsächlich wurde nicht umgesetztes Startmaterial **96** sowie dechloriertes Nebenprodukt **97** identifiziert (Schema 30). Da alle Syntheseversuche der chlorierten aliphatischen Produkte in einem größeren Maßstab für die Erstellung einer Kalibrationsreihe ohne Erfolg blieben, wurde für die folgenden vorläufigen Studien eine Semiquantifizierung mittels GC-EI-MS durchgeführt. Startmaterial, Nebenprodukt und Zielverbindung verfügen über ähnliche funktionelle Gruppen, Polarität und molare Masse, sodass eine ähnliche Ionisierbarkeit im MS Detektor angenommen wird und semiquantitative Rückschlüsse möglich sein sollten.

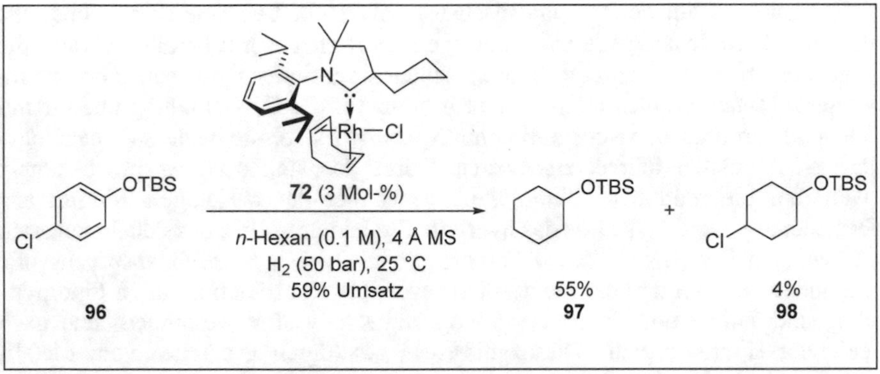

Schema 30: Erste Testreaktion für die Hydrierung eines Chloraromaten unter optimierten Bedingungen für die Fluoraromatenhydrierung. Die Produktverteilung
wurde mittels semiquantitativer GC-EI-MS-Analyse bestimmt.

Es zeigte sich, dass die Hydrierung des TBS-geschützten *ortho*-Chlor-sub-
stituierten Phenols **99** etwas selektiver abläuft (Tabelle 5, Eintrag 1). Daher wurden zunächst weitere für den Katalysator **72** besonders reaktive Lösungsmittel in
der Hydrierung des *ortho*-Chlor-substituierten Phenols getestet. In Dichlorme-
than und Diethylether wurden nur Spuren des Produkts gebildet (Eintrag 2 und
3), wobei im sehr polaren Trifluorethanol voller Umsatz des Startmaterials mit
dem dechlorierten Nebenprodukt **97** als Hauptprodukt beobachtet wurde (Eintrag 4). Es wird vermutet, dass in den anderen Lösungsmitteln die durch Dechlo-
rierung gebildeten Chloridionen den Katalysator vergiften. In Trifluorethanol ist
diese Reaktion zwar noch stärker bevorzugt, die hohe Polarität erlaubt jedoch
eine heterolytische Spaltung der Rh–Cl-Bindung. Aufgrund des besseren Ver-
hältnisses zwischen hydriertem und hydrodechloriertem Produkt, wurden alle
weiteren Testreaktionen in *n*-Hexan durchgeführt (Eintrag 1). Neben 4 Å Mol-
sieb wurden weitere Lewis-Säuren wie Silikagel und Alumina, mit denen jedoch
die Reaktivität abnahm, getestet (Eintrag 5 und 6). Unter Verwendung von Bor-
Lewis-Säuren wie BF$_3$·Et$_2$O und BCF wurde ebenso wie mit LiBF$_4$ und Silber-
salzen kein Produkt beobachtet (Eintrag 7–13). Interessanterweise wurde mit
Al(O*i*Pr)$_3$ als Additiv ein vollständiger Umsatz, jedoch zum dechlorierten Nebenprodukt **97** mit Spuren der Zielverbindung **100**, beobachtet (Eintrag 14).

Tabelle 5: Screening unterschiedlicher Reaktionsbedingungen in der Hydrierung von Chloraromaten. Die Produktverteilung wurde mittels semiquantitativer GC-EI-MS-Analyse ermittelt.

Eintrag	Lösungsmittel	Additiv	Startmaterial (**99**) in %	Nebenprodukt (**97**) in %	Produkt (**100**) in %
1	***n*-Hexan**	**4 Å MS**	**44**	**44**	**12**
2	CH_2Cl_2	4 Å MS	59	39	2
3	Et_2O	4 Å MS	70	29	1
4	TFE	4 Å MS	n.d.	84	16
5	*n*-Hexan	Silika	92	3	5
6	*n*-Hexan	Alumina	61	33	6
7	*n*-Hexan	$BF_3 \cdot Et_2O$[a]	100	n.d.	n.d.
8	*n*-Hexan	BCF[a]	100	n.d.	n.d.
9	*n*-Hexan	$LiBF_4$[a]	100	n.d.	n.d.
10	*n*-Hexan	$AgSbF_6$[b]	100	n.d.	n.d.
11	*n*-Hexan	$AgSbF_6$[c]	100	n.d.	n.d.
12	*n*-Hexan	$AgSbF_6$[a]	100	n.d.	n.d.
13	*n*-Hexan	$AgClO_4$[c]	100	n.d.	n.d.
14	*n*-Hexan	$Al(OiPr)_3$[a]	n.d.	97	3

n.d. = nicht detektiert, [a]2.0 Äquiv., [b]0.5 Äquiv., [c]1.0 Äquiv., MS = Molekularsieb, TFE = Trifluorethanol, BCF = Tris(pentafluorphenyl)boran.

Weitere unter den Standardbedingungen (Tabelle 5, Eintrag 1) getestete elektronisch und sterisch verschiedene Substrate waren *para-* und *ortho*-Chlormethyl-
benzoate. In beiden Fällen wurde ein Gemisch aus Startmaterial **101** und dechlorierten Produkt **102** ohne die chlorierte Zielverbindung **103** beobachtet (Schema
31).

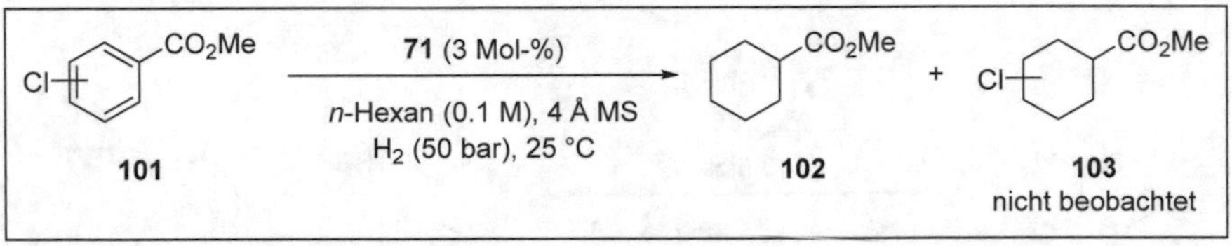

Schema 31:   Fehlgeschlagene Hydrierung von 2-Chlor- und 4-Chlor-Methylbenzoat.

3.8   Konzept des Ligandendesigns

Aufbauend auf dem Konzept des sterisch flexiblen Anspruchs von Glorius und
dem von Organ erfolgreich eingeführten Pd–PEPPSI-Präkatalysator mit sterisch
sehr anspruchsvollen Diisopentylphenylsubstituenten am Stickstoffatom (siehe
Kap. 3.5), sollte der Effekt sterisch flexibler und anspruchsvoller CAACs und
CAArCs evaluiert werden.

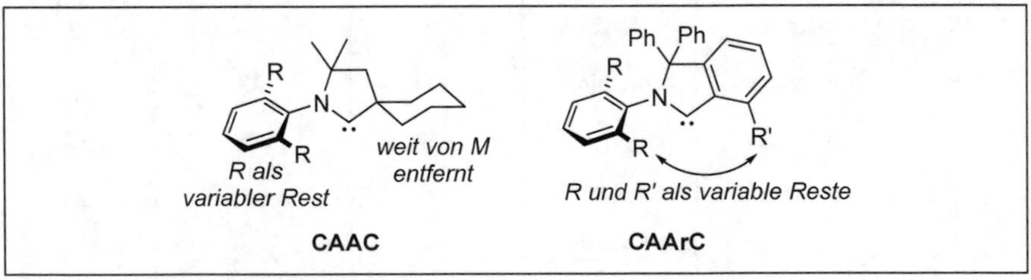

Abbildung 29:   Positionen innerhalb von CAACs und CAArCs zur effizienten Modifikation der Sterik.

In der Hydrierung von Fluoraromaten zeigten neben Rh–CAAC-Komplexen
auch Rh–CAArC-Komplexe katalytische Reaktivität. Letztere waren jedoch
weniger selektiv.[130] Daher wurden zusätzlich neue, sterisch anspruchsvolle
CAArC-Vorläufer synthetisiert. Besonders die einfache Einführung neuer Gruppen am Arylring von CAArCs macht diese Carbenvorläufer interessant für sterische und elektronische Modifikationen. Neben der Modifikation des Arylrings
bei CAArCs ist zudem bei beiden Ligandenklassen eine Variation der Sterik am
N-Phenylsubstituenten möglich. Eine Variation des Cyclohexylrings in CAAC-

Liganden wurde nicht angestrebt, da vermutet wurde, dass dieser relativ weit vom Metall entfernt ist (Abbildung 29).

3.9 Synthese sterisch anspruchsvoller CAAC- und CAArC-Vorläufer

Für die Variation der Sterik des *N*-Phenylsubstituenten wurde zunächst das sterisch anspruchsvolle aber flexible Diisopentylanilin (**110**) synthetisiert (Schema 32). Die Synthese startete mit der Oxidation von 2-Nitro-*m*-xylol (**104**) zu 2-Nitroisophthalsäure (**105**) durch Kaliumpermanganat in wässriger Natronlauge. Anschließende säurekatalysierte Veresterung mit Methanol gab Dimethylester **106** in guter Ausbeute. Hydrierung der Nitrogruppe von **106** mit Palladium auf Kohle lieferte quantitativ Anilin **107**. Zur Einführung der Alkylreste wurde eine Grignard-Reaktion mit vier Äquivalenten Ethylmagnesiumbromid zum Diol **108** durchgeführt. Die schwefelsäurekatalysierte Dehydratisierung des Diols **108** lieferte Dialken **109** als Gemisch von (*E*)- und (*Z*)-Isomeren. Durch Hydrierung von **109** mit Pd/C als Katalysator konnten 6.8 g des gesättigten Diisopentylanilin (**110**) mit einer Gesamtausbeute von 12% über sechs Schritte erhalten werden.

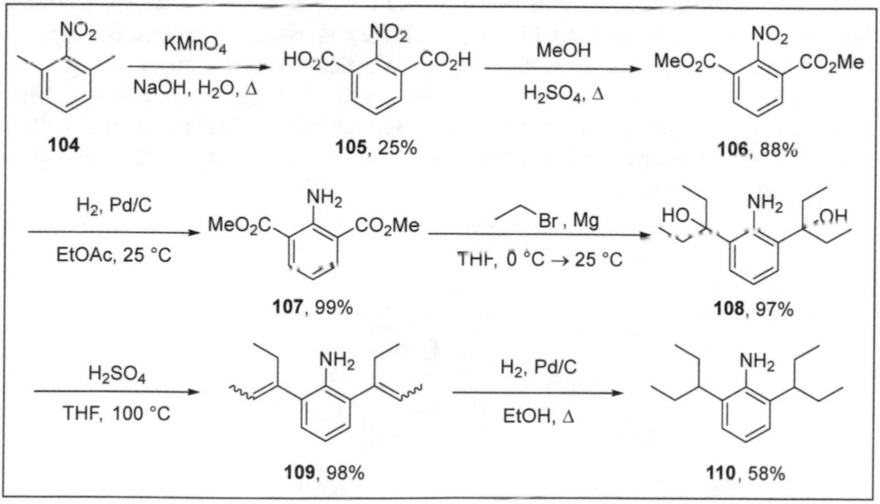

Schema 32: Sechsstufige Synthesesequenz zur Darstellung von Diisopentylanilin (**110**).

Mit Diisopentylanilin (**110**) als sterisch anspruchsvollem Synthesebaustein wurde der sterisch anspruchsvolle CAAC-Vorläufer **113** synthetisiert. Nach der

Kondensation von Cyclohexancarbaldehyd mit Diisopentylanilin zu Aldimin **111** wurde in der β-Position durch LDA deprotoniert und mit 3-Brom-2-methyl-propen zu Alkenylaldimin **112** umgesetzt. Dieses wurde anschließend in Gegenwart von HCl und bei erhöhter Temperatur mit 8% Ausbeute zu **113** cyclisiert (Schema 33). Während der säulenchromatographischen Aufarbeitung von **113** wurde außerdem nicht umgesetztes **112** isoliert, was die geringe Ausbeute erklärt. Eine weitere Optimierung des letzten Syntheseschrittes in Hinblick auf Temperatur und Reaktionsdauer erscheint sinnvoll.

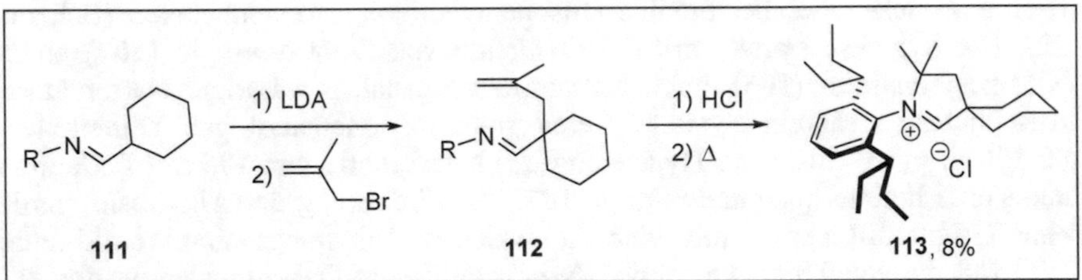

Schema 33: Synthese des CAAC-Vorläufers **113** durch intramolekulare Hydroiminiu-mierung.

Durch Kristallisation von Aldiminiumsalz **113** aus Chloroform konnten geeignete Kristalle für Einkristallröntgenstrukturanalyse erhalten werden. Die Molekülstruktur ist in Abbildung 30 dargestellt. Der sterische Anspruch der Isopentylgruppen in unmittelbarer Nähe zum Carbenkohlenstoffatom ist gut zu erkennen. Es zeigte sich wie erwartet, dass der Cyclohexylring relativ weit vom Carbenkohlenstoffatom entfernt ist. Einen bedeutenderen Einfluss durch weitere Variation dieses Substituenten auf das im Metallkomplex abgedeckte Volumen wird daher nicht erwartet.

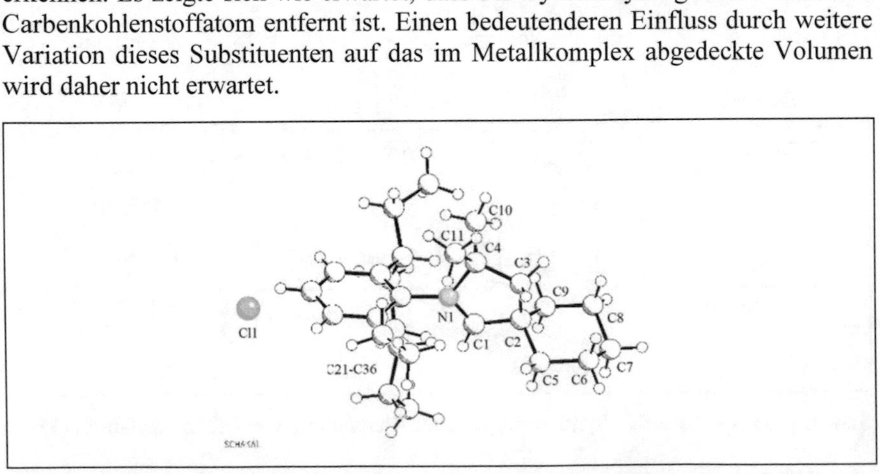

Abbildung 30: Molekulare Struktur des CAAC-Vorläufers **113**. Für Bindungslängen und -winkel siehe Anhang.

Die Synthese der CAArC-Vorläufer wurde nach einer Vorschrift von Bertrand durchgeführt.[106] Zuerst wurde der literaturbekannte und sterisch vergleichsweise wenig anspruchsvolle CAArC-Vorläufer **60** synthetisiert um einen Vergleich der Reaktivität mit weiteren Liganden zu ermöglichen. Aus 2-Brombenzaldehyd **114** und Diisopropylanilin **115** wurde quantitativ Imin **116** gebildet, welches anschließend zu CAArC **60** umgesetzt wurde (Schema 34).

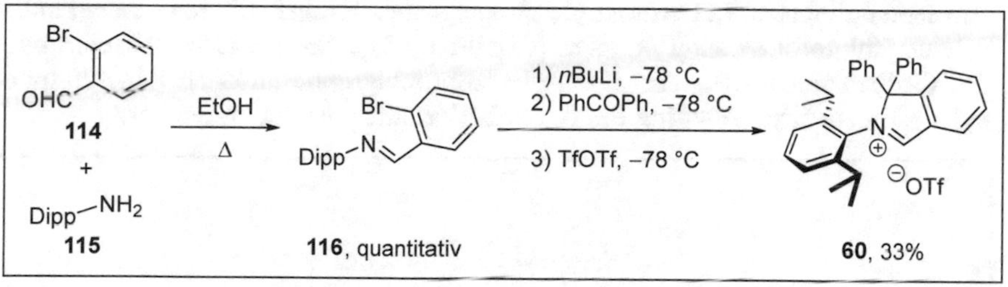

Schema 34: Synthese des Isoindoliumsalzes **60** als CAArC-Vorläufer.

Für die Synthese eines arylsubstituierten CAArCs wurde zunächst der sterisch anspruchsvolle 3,5-dimethylphenylsubstituierte Brombenzaldehyd **119** dargestellt (Schema 35).

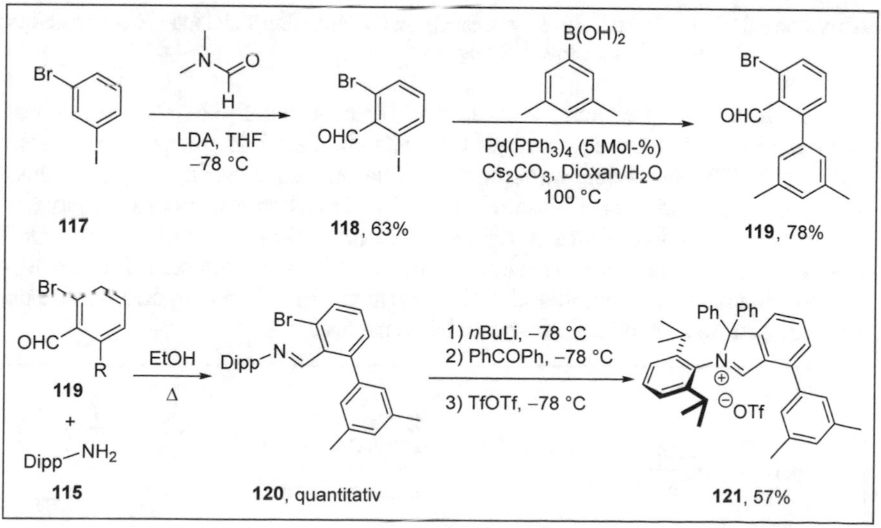

Schema 35: Synthese des 3,5-dimethylphenylsubstituierten Brombenzaldehyds **119** und Verwendung in der Synthese des Isoindoliumsalzes **121**.

Nach Deprotonierung von 1-Brom-3-iodbenzol (**117**) durch LDA wurde mit DMF als C1-Baustein 2-Brom-6-iodbenzaldehyd (**118**) erhalten. Die nachfolgende palladiumkatalysierte Suzuki-Miyaura-Kupplung von **118** mit (3,5-Dimethylphenyl)boronsäure lieferte **119** in 78% Ausbeute. Gemäß der allgemeinen Route wurde Isoindoliumsalz **121** aus Diisopropylanilin (**115**) und Aldehyd **119** synthetisiert. Für Einkristallröntgenstrukturanalyse geeignete Kristalle von Isoindoliumsalz **121** wurden durch langsames Eindiffundieren von *n*-Pentan in eine Chloroformlösung erhalten (Abbildung 31). Die sterische Abschirmung des Carbenkohlenstoffatoms durch die Isopropylgruppe und den Dimethylphenylsubstituenten am Arylring des CAArC-Vorläufers ist gut erkennbar.

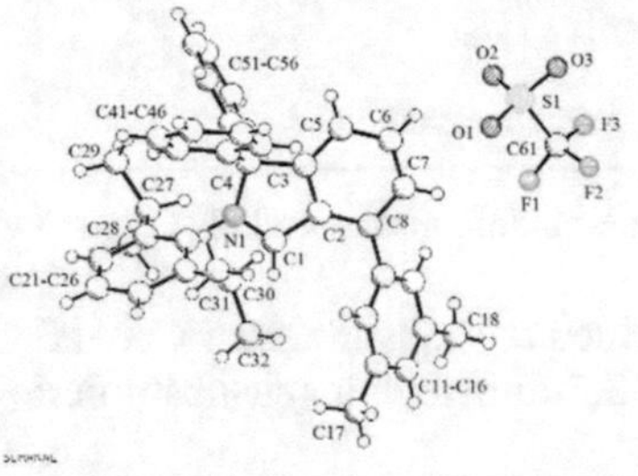

Abbildung 31: Molekulare Struktur des CAArC-Vorläufers **121**. Für Bindungslängen und -winkel siehe Anhang.

Nach der erfolgreichen Synthese von Diisopentylanilin (**110**) wurde dieses ebenfalls in der Synthese neuartiger CAArCs eingesetzt. Zunächst wurde Isoindoliumsalz **123**, das keine weiteren Substituenten am Arylring trägt, synthetisiert, um eine schrittweise Vergrößerung des sterischen Anspruchs zu gewährleisten. Nach Kondensation von Aldehyd **114** mit Diisopentylanilin (**110**) wurde Imin **122** in quantitativer Ausbeute erhalten. Die nachfolgende Zugabe von *n*Butyllithium, Benzophenon und Trifluormethansulfonsäureanhydrid lieferte das Isoindoliumsalz **123** in 13% Ausbeute (Schema 36).

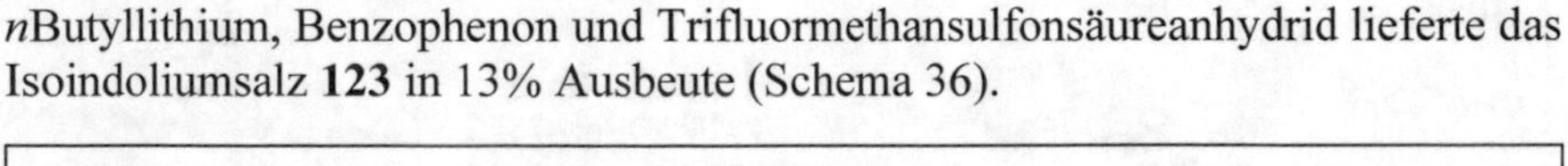

Schema 36: Synthese des Isoindoliumsalzes **123**, mit einem Diisopentylphenyl-Substituenten am Stickstoff.

3.10 Synthese der CAAC– und CAArC–Rhodium-Komplexe

Die neu synthetisierten CAAC- und CAArC-Vorläufer wurden als Liganden für Rhodium-Komplexe getestet. Hierzu wurden die Vorläufer bei −78 °C durch KHMDS deprotoniert und in Gegenwart von [Rh(COD)Cl]$_2$ zu den entsprechenden Komplexen umgesetzt (Schema 37).

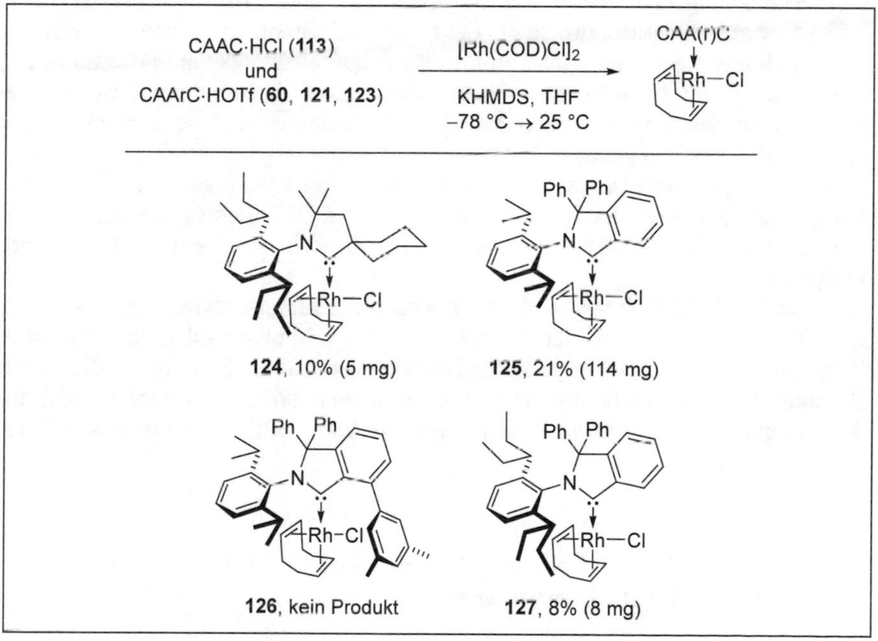

Schema 37: Synthese der Rhodium-Komplexe durch *in situ* Deprotonierung und Umsetzung mit [Rh(COD)Cl]$_2$.

Der neue Rhodium–CAAC-Komplex **124** mit dem sterisch anspruchsvollen Diisopentylphenylsubstituenten am Stickstoffatom konnte gemäß der Standardprozedur[106] in einer geringen Ausbeute von 10% dargestellt werden. Auf gleichem Weg wurde der literaturbekannte Rh–CAArC-Komplex **125** synthetisiert. Ein analoges Vorgehen zur Darstellung der CAArC-Komplexe **126** und **127** scheiterte, trotz wiederholter Syntheseversuche mit unterschiedlichen Ansatzgrößen und Basen (neben KHMDS auch LDA, NaH und *n*BuLi). Wiederholte ^{1}H-NMR-Analyse der CAArC-Vorläufer **121** und **123** zeigte ein breites Signal bei $\delta = 1.60$ ppm bzw. 1.66 ppm, das nachträglich Wasser zugeordnet werden konnte. Es wird vermutet, dass Wasser in der Reaktionsmischung KHMDS oder das *in situ* gebildete stark basische und instabile freie Carben protoniert und damit eine Komplexbildung verhindert. Nach intensiver Gefriertrocknung konnten die Wasserreste aus beiden Salzen entfernt werden und es wurde ein neuer Syntheseversuch unternommen. CAArC-Komplex **127** konnte daraufhin durch ESI-MS als Reaktionsprodukt identifiziert und in geringer Ausbeute isoliert werden. Komplex **126** mit einem Dipp-Substituenten am Stickstoff und der 3,5-Dimethylphenylgruppe am Arylring des CAArCs konnte trotz erfolgreicher Gefriertrocknung nicht synthetisiert werden. Die durch Kristallstrukturuntersuchungen ermittelte Struktur zeigt, dass das Carbenkohlenstoffatom durch die Isopropyl- und 3,5-Dimethylphenyl-Gruppe abgeschirmt ist (siehe Abbildung 31, Seite 56). Ein möglicher Grund für das Scheitern der Komplexbildung könnte der zu hohe sterische Anspruch des CAArC-Vorläufers **121** sein. KHMDS als starke und sterisch abgeschirmte Base könnte daher möglicherweise nicht selektiv am C1-Atom, sondern die ebenfalls aciden C–H-Bindungen der leichter zugänglichen benzylischen Methylgruppen (C17 und C18) deprotonieren. Diese in Konkurrenz stehende Deprotonierung würde die erfolgreiche Komplexbildung verhindern.

Generell lässt sich sagen, dass die Komplexbildungsreaktion sensitiv ist. In der Praxis ist dies durch stark schwankende Ausbeuten und Schwierigkeiten beim Übertragen auf einem größeren Maßstab bemerkbar. So konnten die neuen Rhodium-Komplexe teilweise nur in Mengen von unter 10 mg nach erfolgter Aufreinigung isoliert werden. Zudem muss auf kompletten Ausschluss von Wasser geachtet werden.

3.11 Hydrierung von Halogenaromaten mit neuartigen Rh–CAA(r)C-Komplexen

Die neu synthetisierten Rhodium-Komplexe wurden nun in der Hydrierung von fluorierten und chlorierten Aromaten getestet und der sterische Einfluss wurde evaluiert (Tabelle 6). Um eine grundsätzlich ähnliche Reaktivität der neuen Komplexe im Vergleich zum Standardsystem **72** zu testen, wurden die neuen Komplexe zuerst in der Hydrierung von Fluoraromaten validiert (Einträge a). Generell zeigten die Komplexe mit CAAC-Liganden eine höhere Reaktivität im Vergleich zu CAArC-Liganden, da voller Umsatz des Startmaterials beobachtet wurde (Eintrag 1a und 2a). Bei den Komplexen **125** und **127** mit CAArC-Liganden betrug der Umsatz circa 90% (Eintrag 3a und 4a). Der sterische Einfluss des Isopentylsubstituenten von CAAC–Rh-Komplex **124** im Vergleich zum Isopropylsubstituenten in **72** wirkte sich kaum auf den Hydrodefluorierungsprozess aus.

Tabelle 6: Katalysator-Screening in der Hydrierung TBS-geschützter *p*-Halogenphenole.

X⟨benzol⟩OTBS	Rh-Kat. (3 Mol-%)	⟨cyclohexyl⟩OTBS	X⟨cyclohexyl⟩OTBS
a) **128**, X = F	*n*-Hexan (0.1 M), 4 Å MS		a) **129**, X = F
b) **96**, X = Cl	H$_2$ (50 bar), 25 °C	**97**	b) **98**, X = Cl

Eintrag	Substrat	Rh-Komplex	Startmaterial in %	Nebenprodukt (97) in %	Produkt in %
1a	**128**	**72**	0	4	96 (15:1 d.r.)
1b	**96**	**72**	41	55	4
2a	**128**	**124**	0	3	95 (12:1 d.r.)
2b	**96**	**124**	81	18	1
3a	**128**	**125**	11	4	85 (10:1 d.r.)
3b	**96**	**125**	95	5	n.d.
4a[a]	**128**	**127**	13	3	89 (7:1 d.r.)
4b	**96**	**127**	95	5	n.d.

72   **124**   **125**   **127**

Einträge 1a–4a: Ausbeuten und Diastereomerenverhältnisse (d.r.) wurden durch GC-FID-Analyse mit Mesitylen als internem Standard bestimmt; Einträge 1b–4b: Produktverteilung wurde mittels semiquantitativer GC-EI-MS-Analyse bestimmt; n.d.: nicht detektiert; [a] 1 Mol-% **127**.

Es wurde lediglich marginal weniger defluoriertes Produkt unter Verwendung des sterisch anspruchsvolleren *i*Pent-Liganden beobachtet (Eintrag 1a und 2a). Das gleiche Verhalten ist für die CAArC-Liganden **125** und **127** sichtbar (Eintrag 3a und 4a). Der sterische Einfluss des Carbenliganden wirkt sich jedoch auf die Diastereoselektivität (*cis*- zu *trans*-Produkt) der Reaktion aus. Für die Komplexe mit CAAC-Liganden (**72** und **124**) ist der d.r. im Vergleich zu Komplexen mit CAArC-Liganden (**125** und **127**) etwas höher. Zudem zeigte sich hier, dass sterisch anspruchsvolle Liganden zu geringfügig schlechteren Diastereomerenverhältnissen führen (CAAC: *i*Pr vs. *i*Pent = 15:1 vs. 12:1 d.r. (Eintrag 1a und 2a) und CAArC: *i*Pr vs. *i*Pent = 10:1 vs. 7:1 d.r. (Eintrag 3a und 4a)).

In der Hydrierung des TBS-geschützten *p*-Chlorphenols konnten mit den Rhodium–CAAC-Komplexen Spuren des nicht dechlorierten gesättigten Produkts **98** nachgewiesen werden. Der sterisch anspruchsvollere diisopentylsubstituierte Komplex **124** zeigte jedoch eine geringere Reaktivität im Vergleich zum sterisch ungehinderteren CAAC-Komplex **72** (Eintrag 1b und 2b). Die Rhodium-Komplexe **125** und **127** mit CAArC-Liganden zeigten in der Hydrierung des Chloraromaten keine Reaktivität (Eintrag 3b und 4b). Neben Spuren des hydrodechlorierten Produktes wurde hauptsächlich nicht umgesetztes Startmaterial durch GC-EI-MS-Analyse identifiziert. Vergleich der Reaktivität der Komplexe **125** und **127** zeigte keinen signifikanten Unterschied durch Wechsel auf den sterisch anspruchsvolleren Diisopentylsubstituenten. Bedingt auch durch die geringe Reaktivität beider Ligandenklassen wurde bisher keine Verringerung der Hydrodehalogenierung mit steigendem sterischen Einfluss des Liganden identifiziert.

3.12 Zusammenfassung und Ausblick

Es konnten vier neuartige Carbenliganden synthetisiert werden, von denen drei erfolgreich in der Komplexbildung mit Rhodium eingesetzt wurden. Es erfolgte eine Evaluation der neuartigen Rh-Komplexe in der Hydrierung von fluorierten Aromaten. Die CAAC-Liganden zeigten eine höhere Reaktivität und Selektivität verglichen mit CAArC-Liganden. Ein Einfluss des sterischen Anspruchs auf die Unterdrückung der Hydrodefluorierung wurde nicht beobachtet, jedoch führten sterisch anspruchsvollere Liganden zu einer geringeren Diastereoselektivität. Mit CAAC-Komplexen konnten in der Hydrierung von chlorierten Aromaten geringe Mengen des chlorierten gesättigten Produktes identifiziert werden. Die neuen CAArC-Komplexe zeigten keine Reaktivität in der Hydrierung von Chloraromaten. Der Einfluss des sterischen Anspruchs der Liganden auf die Selektivität der Hydrierung konnte aufgrund der geringen Reaktivität nicht abschließend evaluiert werden.

Als größtes Problem hat sich die Sensitivität der Komplexbildung und die schlechte Skalierbarkeit der Reaktion in Verbindung mit geringen Ausbeuten herausgestellt. Der beschränkte Katalysatorzugang ermöglichte bisher keine tiefergehenden Untersuchungen zum Einfluss weiterer Parameter wie Temperatur, H_2-Druck, Konzentration und Lösungsmittel. Auch weitere Substrate wie Bromaromaten, Fluorpyridine und fluorierte Thiole konnten deshalb nicht mit den neuen Komplexen getestet werden. Weiterhin ist die Anzahl der eingesetzten Komplexe bisher zu gering, um eine abschließende Aussage über den Einfluss des sterischen Anspruchs treffen zu können.

Eine mögliche Lösung für die auftretenden Probleme während der Komplexbildung könnte die von Cazin beschriebene Methode der Transmetallierung ausgehend von Kupfer–Carben-Komplexen sein.[131] Mit dieser Methode ist der Zugang zu Carben-Übergangsmetallkomplexen in hohen Ausbeuten möglich (Schema 38).

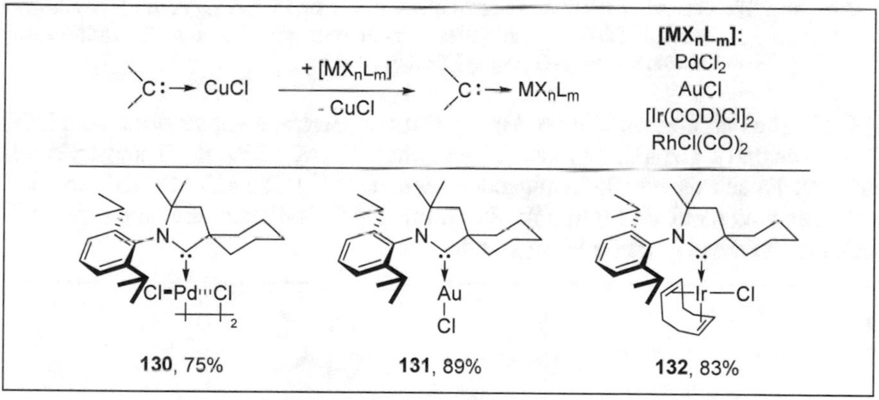

Schema 38: Effizienter Carbentransfer von Kupfer auf späte Übergangsmetalle und Beispiele für erfolgreich transferierte CAAC-Liganden.

So könnte auch die Transmetallierung der in dieser Arbeit neu synthetisierten CAAC- und CAArC-Liganden auf Rhodium in akzeptablen Ausbeuten möglich sein. Des Weiteren ist mit dieser Methode der Zugang zu CAAC-Komplexen mit weiteren Übergansmetallen wie Palladium, Gold und Iridium als Zentralatom möglich. Die katalytische Aktivität dieser Komplexe könnte weitere herausfordernde Transformationen ermöglichen.

Für eine weitergehende Analyse des sterischen Einfluss auf die Reaktivität von Rhodium-Komplexen in der Hydrierung könnte die Synthese der sterisch extrem anspruchsvollen CAAC- und CAArC-Liganden 133–136 interessant sein (Abbildung 32).

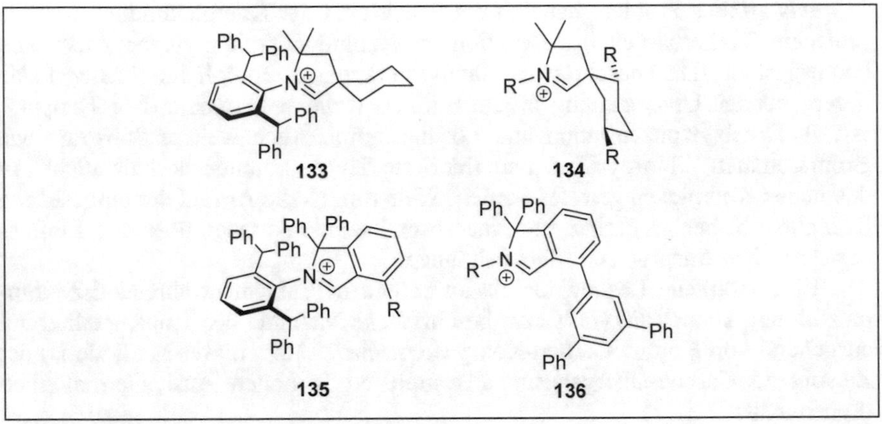

Abbildung 32: Sterisch extrem anspruchsvolle CAAC- und CAArC-Vorläufer aufgebaut aus 2,6-Bis(diphenyl)anilin, einem sterisch fixiertem Cyclohexylring oder einer *meta*-Terphenyl-Einheit.

Zusätzlich könnten die vor kurzer Zeit von Bertrand entwickelten hemilabilen, bidentaten CAACs **137** und bicyclischen CAACs **138** als Grundstrukturen für katalytisch aktive Carbenliganden dienen.[111,112] Die CAACs **137** und **138** könnten außerdem als Startpunkt für chirale CAACs dienen, die eine enantioselektive Hydrierung ermöglichen könnten.

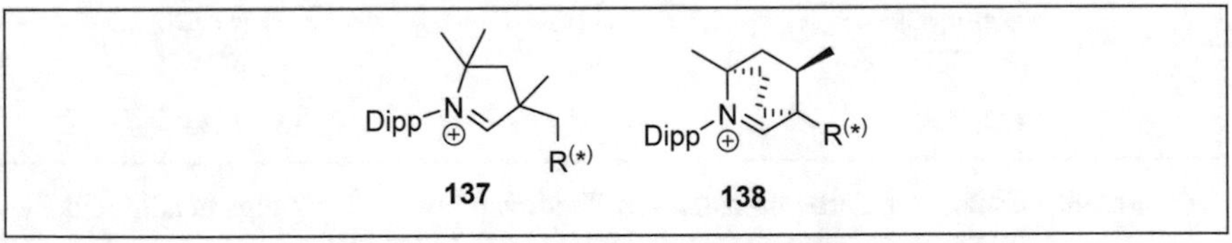

Abbildung 33: CAAC-Vorläufer mit Potential zur enantioselektiven Katalyse.

4 Experimental Part

4.1 General Considerations

Unless otherwise noted, all reactions were carried out in oven-dried glassware under an atmosphere of argon. Liquid reagents were added with argon flushed syringes under argon atmosphere. Solids were also added under argon or weighed out in a glove box under water- and oxygen-free atmosphere. Reaction temperatures are reported as the temperature of the heat transfer medium surrounding the vessel.

The following solvents were dried by distillation over the drying agents indicated in parentheses: *n*-hexane (CaH$_2$), THF (Na/benzophenone), Et$_2$O (Na/benzophenone), CH$_2$Cl$_2$ (CaH$_2$). Additional anhydrous solvents (<50 ppm water) were purchased from Acros Organics, Sigma-Aldrich or Carl Roth and stored over molecular sieves under an argon atmosphere. The solvents (*n*-pentane, ethyl acetate) used for flash column chromatography were purified by distillation.

All hydrogenation reactions were carried out in Berghof High Pressure Reactors using hydrogen gas. Commercially available chemicals were obtained from Acros Organics, Sigma-Aldrich, Alfa Aesar, ABCR, TCI Europe and Combi-Blocks and used as received unless otherwise stated.

Analytical thin layer chromatography (TLC) was performed on silica gel 60 F$_{254}$ aluminum plates (Merck). TLC plates were visualized by exposure to short wave ultraviolet light (254 nm, 366 nm) and/or KMnO$_4$ (1 g KMnO$_4$, 6 g K$_2$CO$_3$ and 0.1 g KOH in 100 mL water) staining solution followed by heating. Flash column chromatography was performed on Merck silica gel (40–63 µm mesh) with a positive pressure of argon.

^{1}H-, ^{13}C- and ^{19}F-NMR spectra were recorded at room temperature on a Bruker AV 300 or AV 400, Varian 500 MHz INOVA or Varian Unity plus 600. Chemical shifts (δ) are given in ppm. The residual solvent signals were used as references and the chemical shifts were converted to the TMS scale (CDCl$_3$: $\delta_H = 7.26$ ppm, $\delta_C = 77.16$ ppm; MeOH-d_4: $\delta_H = 3.31$ ppm, $\delta_C = 49.00$ ppm; DMSO-d_6: $\delta_H = 2.50$ ppm, $\delta_C = 39.52$ ppm; acetone-d_6: $\delta_H = 2.05$ ppm, $\delta_C = 29.84$ ppm). ^{19}F-NMR spectra were not calibrated by an internal reference and the chemical shift δ (ppm) is given relative to CCl$_3$F. The multiplicities of the signals are reported as s (singlet), bs (broad singlet), d (doublet), t (triplet), q (quartet), p (pentet), hept (heptet) and m (multiplet). Coupling constants (J) are quoted in Hz.

© Springer Fachmedien Wiesbaden GmbH, ein Teil von Springer Nature 2019
M. Wollenburg, *Neuartige Carbenliganden für die selektive Hydrierung von Aromaten*, BestMasters, https://doi.org/10.1007/978-3-658-24608-2_4

GC-MS spectra were recorded on an Agilent Technologies 7890A GC-system with an Agilent 5975C VL MSD or an Agilent 5975 inert Mass Selective Detector (EI) and a HP-5MS column (0.25 mm x 30 m, film: 0.25 μm). GC-FID analysis was undertaken on an Agilent Technologies 6890A equipped with an HP-5 quartz column (0.32 mm x 30 m, film: 0.25 μm) using flame ionization detection.

High resolution ESI mass spectra were recorded on a Thermo-Fisher Scientific Orbitrap LTQ XL or on a Bruker Daltonics MicroTof.

The enantiomeric excess (*ee*) was determined by HPLC analysis using chiral column AD-H, AS-H and OD-H.

X-Ray diffraction data sets were collected with an APEX II CCD Bruker diffractometer and Kappa CCD Nonius diffractometer.

4.2   Synthesis of electronically modified SINpEt ligands

Bis(2-methylallyl)(1,5-cyclooctadiene)ruthenium(II) (25)

Following a modified literature procedure by Genêt,[132] 3-Chloro-2-methyl-1-propene (1.0 mL, 10 mmol, 1 equiv.) was added to a suspension of magnesium (1.87 g, 77 mmol, 7.7 equiv.) in anhydrous Et$_2$O (150 mL) at room temperature. The rest of 3-chloro-2-methyl-1-propene (5.85 mL, 60 mmol, 6.0 equiv.) was added dropwise to the mixture at 0 °C and the reaction was stirred for 2 h at 0 °C. The Grignard solution was slowly added to a suspension of dichloro(1,5-cyclooctadiene)ruthenium(II) in Et$_2$O (30 mL, 0.33 M) and stirred for 3 h at room temperature. The resulting suspension was filtered through celite. After addition of water, the aqueous phase was extracted with Et$_2$O and the combined organic layers were dried over CaCl$_2$. After filtration through neutral alumina and evaporation to dryness, the black residue was washed with MeOH, dried *in vacuo* and recrystallized from *n*-hexane/MeOH = 3/1 to afford Ru(COD)(2-methylallyl)$_2$ as a pale grey solid (1.47 g, 4.59 mmol, 46%).

^{1}H-NMR (400 MHz, CDCl$_3$): δ/ppm = 3.94 (dd, J = 8.7, 5.5 Hz, 2H), 3.54 (d, J = 1.6 Hz, 2H), 2.90 (d, J = 5.4 Hz, 2H), 2.82 (s, 2H), 2.78 (d, J = 8.3 Hz, 2H), 2.04 (d, J = 13.9 Hz, 2H), 1.81 (s, 6H), 1.72 – 1.59 (m, 2H), 1.54 (s, 2H), 1.22 – 1.13 (m, 2H), 0.12 (s, 2H);

^{13}C-NMR (101 MHz, CDCl$_3$): δ/ppm = 111.4, 87.9, 70.5, 51.4, 51.0, 38.2, 26.1, 24.8.

1-(6-Methoxynaphthalen-1-yl)ethan-1-one (11)

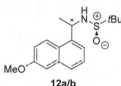

Following a modified literature procedure by Posner,[133] a solution of 1.6 M MeLi in Et2O (52 mL, 83.1 mmol, 2.1 equiv.) was added dropwise via syringe to a solution of carboxylic acid **10** (8.0 g, 39.6 mmol, 1.0 equiv.) in anhydrous Et2O (260 mL, 0.15 M) under argon at 0 °C. The reaction was allowed to warm to room temperature and stirred for 25 h at that temperature. The mixture was quenched with saturated aqueous ammonium chloride solution (150 mL) and water (150 mL), extracted with EtOAc (3 × 250 mL) and dried over MgSO$_4$. After concentration *in vacuo*, the crude product was purified by column chromatography on silica gel (*n*-pentane/ EtOAc = 9/1), which afforded **11** as a light yellow solid (4.19 g, 20.9 mmol, 53%).

R_f (*n*-pentane/EtOAc = 9/1): 0.21;
¹H-NMR (300 MHz, CDCl₃): δ/ppm = 8.68 (d, J = 9.4 Hz, 1H), 7.89 (d, J = 8.2 Hz, 1H), 7.81 (dd, J = 7.2, 0.9 Hz, 1H), 7.46 (t, J = 7.6 Hz, 1H), 7.26 (dd, J = 9.4, 2.7 Hz, 1H), 7.16 (d, J = 2.7 Hz, 1H), 3.93 (s, 3H), 2.73 (s, 3H);
¹³C-NMR (75 MHz, CDCl₃): δ/ppm = 202.1, 157.8, 135.7, 135.4, 132.0, 127.8, 126.7, 125.7, 125.1, 120.6, 106.5, 55.4, 30.0;
ESI-MS: calculated $[C_{13}H_{12}O_2Na]^+$ [M+Na]⁺: 223.0730, found: 223.0732;
The obtained analytical data were in accordance with the literature.[134]

N-(1-(6-Methoxynaphthalen-1-yl)ethyl)-2-methylpropane-2-sulfinamide (12)

Following a modified literature procedure by Ellman,[79] (*R*)-(+)-*t*Bu-sulfinamide (2.04 g, 16.83 mmol, 1.0 equiv.) was added to a solution of ketone **11** (4.05 g, 20.23 mmol, 1.2 equiv.) and Ti(O*i*Pr)₄ (10 mL, 33.71 mmol, 2.0 equiv.) in THF (67 mL, 0.25 M). The reaction mixture was stirred for 42 h at 70 °C until TLC analysis indicated complete consumption of **11**. The reaction mixture was allowed to cool down to room temperature and cannulated dropwise into a suspension of NaBH₄ (2.6 g, 67.4 mmol, 4.0 equiv.) in THF (20 mL) at −50 °C. The reaction was stirred for 3 h at −50 °C and for 5 h at room temperature until the reduction was complete. The reaction was carefully quenched with MeOH until no further gas formation was observed. After addition of brine (200 mL), the mixture was filtered through celite (eluent: EtOAc). The filtrate was washed with brine and extracted with EtOAc (3 x 200 mL). The combined organic phases were dried over Na₂SO₄ and concentrated *in vacuo*. Column chromatography (*n*-pentane/EtOAc = 3/1 to 1/1) afforded sulfinamide **12a** (1.00 g, 3.27 mmol, 16%) and **12b** (0.28 g, 0.92 mmol, 5%) as yellow oils (**12a/12b** = 78/22, determined by mass of isolated product).

Sulfinamide **12a** (major): R_f (EtOAc): 0.41;
¹H-NMR (400 MHz, CDCl₃): δ/ppm = 8.14 (d, J = 9.3 Hz, 1H), 7.70 (dd, J = 7.4, 1.7 Hz, 1H), 7.47 – 7.40 (m, 2H), 7.22 (dd, J = 9.3, 2.7 Hz, 1H), 7.17 (d, J = 2.6 Hz, 1H), 5.31 (dq, J = 6.5, 1.7 Hz, 1H), 3.93 (s, 3H), 3.58 (s, 1H), 1.68 (d, J = 6.5 Hz, 3H), 1.24 (s, 9H);
¹³C-NMR (101 MHz, CDCl₃): δ/ppm = 157.5, 139.3, 135.5, 127.4, 126.2, 126.0, 124.9, 121.4, 119.1, 107.3, 55.6, 55.4, 49.6, 22.8, 21.9;
ESI-MS: calculated $[C_{17}H_{23}NO_2SNa]^+$ $[M+Na]^+$: 328.1342, found: 328.1348;
Sulfinamide **12b** (minor): R_f (EtOAc): 0.28;
¹H-NMR (400 MHz, CDCl₃): δ/ppm = 8.07 (d, J = 8.8 Hz, 1H), 7.68 (dd, J = 5.5, 3.8 Hz, 1H), 7.45 – 7.40 (m, 2H), 7.20 – 7.15 (m, 2H), 5.34 – 5.25 (m, 1H), 3.93 (s, 3H), 3.38 (d, J = 5.1 Hz, 1H), 1.73 (d, J = 6.7 Hz, 3H), 1.20 (s, 9H);

1-(6-Methoxynaphthalen-1-yl)ethan-1-amine hydrochloride (13)

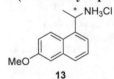

Following a modified literature procedure by Ellman,[78] 4 M HCl in 1,4-dioxane (1.55 mL, 6.22 mmol, 2.0 equiv.) was added to a solution of sulfonamide **12** (0.95 g, 3.11 mmol, 1.0 equiv.) in MeOH (1.0 mL, 3.1 M) and the reaction was stirred at room temperature for 15 min. The white precipitate was filtered and washed with Et₂O to provide pure amine hydrochloride **13** as a white solid (0.72 g, 3.02 mmol, 97%).
¹H-NMR (400 MHz, Methanol-d_4): δ/ppm = 8.04 (d, J = 9.3 Hz, 1H), 7.85 (d, J = 8.0 Hz, 1H), 7.53 (t, J = 7.4 Hz, 1H), 7.48 (dd, J = 7.3, 0.7 Hz, 1H), 7.35 (d, J = 2.6 Hz, 1H), 7.28 (dd, J = 9.3, 2.7 Hz, 1H), 5.33 (q, J = 6.8 Hz, 1H), 3.93 (s, 3H), 1.74 (d, J = 6.8 Hz, 3H);
¹³C-NMR (101 MHz, Methanol-d_4): δ/ppm = 159.3, 137.1, 135.7, 129.5, 127.1, 126.8, 124.7, 121.1, 120.8, 108.0, 55.8, 47.6, 21.1;
ESI-MS: calculated $[C_{13}H_{13}O]^+$ $[M−NH_3Cl]^+$: 185.0961, found: 185.0980.

1,3-Bis[1-(6-methoxynaphthalen-1-yl)ethyl]-4,5-dihydro-1*H*-imidazol-3-ium tetrafluoroborate (L6)

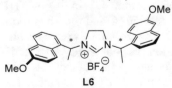

Amine hydrochloride **13** (719 mg, 3.03 mmol) was dissolved in saturated aqueous Na₂CO₃ solution and extracted with dichloromethane (3 x 20 mL). The amine (555 mg, 2.76 mmol, 2.0 equiv.), dibromoethane (0.12 mL, 1.38 mmol, 1.0 equiv.) and dry acetonitrile (1.75 mL, 0.8 M) were mixed in a Schlenk tube under an argon atmosphere. After stirring for 40 h at 100 °C, dichloromethane (35 mL) was added and the mixture was basified to pH = 13 with 1 M aqueous NaOH (20 mL). After extraction with dichloromethane (3 x 15 mL), the combined organic layers were dried over $MgSO_4$ and concentrated. The obtained crude bis-amino compound was used in the next step without further purification. After addition of NH_4BF_4 (159 mg, 1.52 mmol, 1.1 equiv.) and excess $CH(OEt)_3$ (4.6 mL, 27.6 mmol, 20.0 equiv.), the mixture was stirred for 46 h at 120 °C. Subsequent removal of EtOH *in vacuo*, followed by washing the resulting solid with hexane and Et_2O, provided the crude NHC salt **(L6)**, which was purified by column chromatography on silica gel (CH_2Cl_2/MeOH = 95/5) and subsequent recrystallized from EtOH to yield pure product as pale brown solid (338 mg, 0.64 mmol, 46%).

R_f (CH_2Cl_2/MeOH – 9/1): 0.61;
^{1}H-NMR (300 MHz, CDCl$_3$): δ/ppm = 8.57 (s, 1H), 7.88 (d, J = 9.3 Hz, 2H), 7.66 (d, J = 8.1 Hz, 2H), 7.34 (t, J = 7.7 Hz, 2H), 7.28 – 7.22 (m, 2H), 7.18 (dd, J = 9.3, 2.6 Hz, 2H), 7.11 (d, J = 2.6 Hz, 2H), 5.69 (q, J = 6.7 Hz, 2H), 3.87 (s, 6H), 3.71 – 3.56 (m, 2H), 3.56 – 3.42 (m, 2H), 1.84 (d, J = 6.8 Hz, 6H);
^{13}C-NMR (75 MHz, CDCl$_3$): δ/ppm = 157.8, 155.5, 135.6, 132.8, 128.6, 126.2, 125.9, 123.7, 121.9, 119.9, 107.4, 55.5, 54.4, 46.6, 19.2;
^{19}F-NMR (282 MHz CDCl$_3$): δ/ppm = −151.51 (bs), −151.56 (d);
ESI-MS: calculated $[C_{29}H_{31}N_2O_2]^+$ $[M-BF_4]^+$: 439.2380, found: 439.2385.

6,7-Difluoro-1-naphthoic acid (17)

Following a modified literature procedure by Krülle,[80] anhydrous $AlCl_3$ (83.2 g, 0.62 mol, 2.0 equiv.) was slowly added to a suspension of furan-2-carboxylic acid (35.0 g, 0.31 mmol, 1.0 equiv.) in 1,2-difluorobenzene (300 mL, excess) at 0 °C and stirred for 1 h. Subsequently, the mixture was stirred for 14 h at 75 °C (no full conversion) and for 21 h at 85 °C. The reaction was quenched with 3 M aqueous HCl (1000 mL), extracted with Et_2O (3 x 500 mL), and washed with water (500 mL). After extraction with saturated aqueous $NaHCO_3$ solution (6 x 500 mL), the alkaline solution was acidified with conc. HCl (50 mL) and reextracted with EtOAc (6 x 500 mL). Concentration under removed pressure gave an organge solid, which was washed with toluene and small amounts of EtOH. Filtration provided the naphthoic acid **17** as a white solid (15.2 g, 73.1 mmol, 24%), and as the major isomer in a mixture of different regioisomers.

R_f (CH_2Cl_2/MeOH = 9/1): 0.37;
^{1}H-NMR (300 MHz, DMSO-d_6): δ/ppm = 13.40 (bs, 1H), 8.87 (dd, J = 14.0, 8.6 Hz, 1H), 8.24 (d, J = 7.3 Hz, 1H), 8.17 (d, J = 8.2 Hz, 1H), 8.14 – 8.02 (m, 1H), 7.63 (t, J = 7.8 Hz, 1H);
^{13}C-NMR (75 MHz, DMSO-d_6): δ/ppm = 168.1, 150.0 (dd, J = 247.5, 15.3 Hz), 148.7 (dd, J = 249.4, 16.0 Hz), 132.7, 131.1, 130.9, 128.0, 126.6, 125.7, 114.7 (d, J = 16.6 Hz), 112.3 (d, J = 19.8 Hz);
^{19}F-NMR (282 MHz, DMSO-d_6): δ/ppm = −134.85 (d, J = 22.7 Hz), −137.57

(d, $J = 22.7$ Hz);
ESI-MS: calculated $[C_{11}H_5F_2O_2]^-$ $[M-H]^-$: 207.0263, found: 207.0273.
The obtained analytical data were in accordance with the literature.[80]

1-(6,7-Difluoronaphthalen-1-yl)ethan-1-one (18)

Following a modified literature procedure by Posner,[133] a solution of 1.6 M MeLi in Et$_2$O (94 mL, 151 mmol, 2.1 equiv.) was added dropwise to a solution of carboxylic acid **17** (15 g, 72 mmol, 1.0 equiv.) in anhydrous Et$_2$O (450 mL, 0.15 M) under argon at 0 °C. The reaction was stirred for 1 h at 0 °C and then allowed to warm to room temperature, and stirred for 19 h at that temperature. The mixture was quenched with saturated ammonium chloride solution (500 mL), extracted with EtOAc (3 x 450 mL), and dried with MgSO$_4$. After concentration *in vacuo*, the crude product was purified by column chromatography on silica gel (*n*-pentane *to* *n*-pentane/EtOAc = 9/1), which afforded **18** as a yellow solid (11.1 g, 54.8 mmol, 75%). **18** is the major isomer in a mixture of different regioisomers.

R$_f$ (*n*-pentane/EtOAc = 9/1): 0.50;
^{1}H-NMR (300 MHz, CDCl$_3$): δ/ppm = 8.80 (dd, $J = 13.6, 8.4$ Hz, 1H), 8.03 (d, $J = 7.4$ Hz, 1H), 7.93 (d, $J = 8.3$ Hz, 1H), 7.58 (dd, $J = 10.7, 8.3$ Hz, 1H), 7.55 – 7.48 (m, 1H), 2.75 (s, 3H);
^{13}C-NMR (75 MHz, CDCl$_3$): δ/ppm = 201.0, 151.7 (dd, $J = 250.5, 14.6$ Hz), 150.2 (dd, $J = 252.4, 16.1$ Hz) 132.7, 132.5, 130.1, 129.9, 128.7, 125.0, 114.0 (d, $J = 16.3$ Hz), 113.5 (d, $J = 20.1$ Hz), 29.6;
^{19}F-NMR (282 MHz, CDCl$_3$): δ/ppm = −133.43 (d, $J = 21.5$ Hz), −135.98 (d, $J = 21.5$ Hz);
ESI-MS: calculated $[C_{12}H_8OF_2Na]^+$ $[M+Na]^+$: 229.0435, found: 229.0436.

N-(1-(6,7-Difluoronaphthalen-1-yl)ethyl)-2-methylpropane-2-sulfinamide (19)

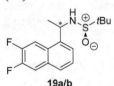

Following a modified literature procedure by Ellman,[79] (*R*)-(+)-*t*Bu-sulfinamide (5.18 g. 42.74 mmol, 1.0 equiv.) was added to a solution of ketone **18** (10.60 g, 51.41 mmol, 1.2 equiv.) and Ti(O*i*Pr)$_4$ (25.34 mL, 85.60 mmol, 2.0 equiv.) in THF (170 mL, 0.25 M). The reaction was stirred for 24 h at 70 °C until TLC analysis indicated complete consumption of **18**. The mixture was allowed to cool down to room temperature and cannulated dropwise into a suspension of NaBH$_4$ (6.47 g, 171.0 mmol, 4.0 equiv.) in THF (30 mL) at −70 °C. The reaction mixture was stirred for 5 h at 0 °C until the reduction was complete. The reaction was carefully quenched with MeOH until no further gas formation was observed. After addition of brine (500 mL), the mixture was filtered through celite (eluent: EtOAc). The filtrate was washed with brine (250 mL) and extracted with EtOAc (3 x 250 mL). The combined organic phases were dried over Na_2SO_4 and concentrated *in vacuo*. Column chromatography (CH_2Cl_2/acetone = 95/5 to 90/10) afforded sulfinamide **19a** (3.18 g, 10.21 mmol, 24%) and **19b** (1.18 g, 3.79 mmol, 9%) as colorless oils (**19a/19b** = 73/27, determined by mass of isolated product). **19a** and **19b** are the major isomers in a mixture of different regioisomers.

Sulfinamide **19a** (major): R_f (CH_2Cl_2/acetone = 95/5): 0.36;

^{1}H-NMR (400 MHz, CDCl$_3$): δ/ppm = 7.99 (dd, J = 12.7, 8.0 Hz, 1H), 7.70 (d, J = 8.2 Hz, 1H), 7.61 – 7.53 (m, 2H), 7.45 (t, J = 7.8 Hz, 1H), 5.16 (qd, J = 6.5, 2.2 Hz, 1H), 3.58 (s, 1H), 1.67 (d, J = 6.6 Hz, 3H), 1.23 (s, 9H);

^{13}C-NMR (101 MHz, CDCl$_3$): δ/ppm = 150.4 (dd, J = 250.3, 15.6 Hz), 149.8 (dd, J = 251.2, 16.1 Hz), 138.9, 131.2, 130.4, 127.7, 126.0, 124.2, 114.6 (d, J = 15.8 Hz), 110.2 (d, J = 18.3 Hz), 55.7, 50.4, 22.7, 22.0;

^{19}F-NMR (282 MHz, CDCl$_3$): δ/ppm = −134.95 (d, J = 21.2 Hz), −137.37 (d, J = 21.2 Hz);

ESI-MS: calculated [$C_{16}H_{19}F_2NOSNa$]$^+$ [M+Na]$^+$: 334.1048, found: 334.1040;

Sulfinamide **19b** (minor): R_f (CH_2Cl_2/acetone = 95/5): 0.25;

^{1}H-NMR (400 MHz, CDCl$_3$): δ/ppm = 7.93 (dd, J = 12.9, 8.0 Hz, 1H), 7.70 (d, J = 8.2 Hz, 1H), 7.61 – 7.53 (m, 2H), 7.44 (t, J = 7.8 Hz, 1H), 5.21 – 5.11 (m, 1H), 3.41 (d, J = 4.7 Hz, 1H), 1.73 (d, J = 6.7 Hz, 3H), 1.20 (s, 9H);

^{13}C-NMR (101 MHz, CDCl$_3$): δ/ppm = 149.9 (dd, J = 249.6, 15.5 Hz), 149.8 (dd, J = 250.7, 16.0 Hz), 138.4, 131.3, 128.0, 127.5, 125.9, 124.7, 114.5 (d, J = 17.1 Hz), 110.6 (d, J = 18.2 Hz), 56.0, 52.2, 24.1, 22.7;

^{19}F-NMR (282 MHz, CDCl$_3$): δ/ppm = −135.72 (d, J = 21.2 Hz), −137.64 (d, J = 21.2 Hz);

ESI-MS: calculated [$C_{16}H_{19}F_2NOSNa$]$^+$ [M+Na]$^+$: 334.1048, found: 334.1037.

1-(6,7-Difluoronaphthalen-1-yl)ethan-1-amine hydrochloride (20)

Following a modified literature procedure by Ellman,[78] 4 M HCl in 1,4-dioxane (5.0 mL, 19.85 mmol, 2.0 equiv.) was added to a solution of sulfonamide **19** (3.09 g, 9.92 mmol, 1.0 equiv.) in MeOH (5.0 mL, 2 M) and the reaction was stirred at room temperature for 1 h. After evaporation of the solvent, the colorless gel was filtered and washed with Et_2O to provide amine hydrochloride **20** as a white solid (1.53 g, 6.29 mmol, 63%). **20** is the major isomer in a mixture of different regioisomers.

^{1}H-NMR (300 MHz, Methanol-d_4): δ/ppm = 8.10 (dd, J = 12.9, 7.8 Hz, 1H), 7.95 (d, J = 8.2 Hz, 1H), 7.85 (dd, J = 11.2, 8.4 Hz, 1H), 7.78 – 7.68 (m, 1H), 7.62 (t, J = 7.8 Hz, 1H), 5.29 (q, J = 6.8 Hz, 1H), 1.75 (d, J = 6.8 Hz, 3H).

^{13}**C-NMR (75 MHz, Methanol-d_4):** δ/ppm = 151.9 (dd, J = 249.0, 15.7 Hz), 151.3 (dd, J = 250.3, 15.7 Hz), 135.8, 132.7, 129.9, 128.7, 127.3, 124.4, 115.9 (d, J = 17.8 Hz), 110.5 (d, J = 19.1 Hz), 47.7, 20.9;
^{19}**F-NMR (282 MHz, Methanol-d_4):** δ/ppm = −137.15 (d, J = 20.5 Hz), −139.54 (d, J = 20.5 Hz).;
ESI-MS: calculated $[C_{12}H_9F_2]^+$ $[M-NH_3Cl]^+$: 191.0667, found: 191.0662.

1,3-Bis[1-(6,7-difluoronaphthalen-1-yl)ethyl]-4,5-dihydro-1*H*-imidazol-3-ium tetrafluoroborate (L7)

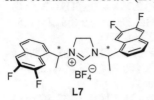

Amine hydrochloride **20** (1.13 g, 4.63 mmol) was dissolved in a saturated aqueous Na_2CO_3 solution and extracted with dichloromethane (3 x 30 mL). The obtained amine (921 mg, 4.44 mmol, 2.0 equiv.), dibromoethane (0.19 mL, 2.22 mmol, 1.0 equiv.) and dry acetonitrile (1.5 mL, 1.5 M) were mixed in a Schlenk tube under an argon atmosphere. After stirring for 29 h at 100 °C, dichloromethane (50 mL) was added and the mixture was basified to pH = 13 with 1 M aqueous NaOH (20 mL). After extraction with dichloromethane (3 x 20 mL), the combined organic layers were dried over $MgSO_4$ and concentrated. The obtained crude bis-amino compound was directly used in the next step. After addition of NH_4BF_4 (514 mg, 4.90 mmol, 2.2 equiv.) and excess $CH(OEt)_3$ (14.8 mL, 89.0 mmol, 40.1 equiv.), the mixture was stirred for 41 h at 120 °C. Subsequent removal of EtOH *in vacuo*, followed by washing of the resulting solid with hexane and Et_2O, provided crude NHC salt **L7**, which was purified by column chromatography on silica gel (CH_2Cl_2/MeOH = 97/3 to 95/5). Subsequent recrystallization from EtOH/Et_2O furnished the pure product as a white solid (365 mg, 0.68 mmol, 31%). **L7** is the major isomer in a mixture of different regioisomers.
R_f (CH_2Cl_2/MeOH = 9/1): 0.40;
^{1}**H-NMR (300 MHz, Acetone-d_6):** δ/ppm = 9.00 (s, 1H), 8.07 (dd, J = 13.0, 7.9 Hz, 2H), 8.03 − 7.91 (m, 4H), 7.82 − 7.74 (m, 2H), 7.66 − 7.57 (m, 2H), 5.84 (q, J = 6.8 Hz, 2H), 4.12 − 3.97 (m, 2H), 3.97 − 3.84 (m, 2H), 1.96 (d, J = 6.8 Hz, 6H);
^{13}**C-NMR (75 MHz, Acetone-d_6):** δ/ppm = 157.0, 151.1 (dd, J = 249.0, 16.0 Hz), 150.4 (dd, J = 249.5, 16.0 Hz), 134.5, 132.3, 129.6, 128.8, 127.2, 125.8, 115.8 (d, J = 16.5 Hz), 110.3 (d, J = 18.5 Hz), 55.0, 48.0, 19.7;
^{19}**F-NMR (282 MHz, Acetone-d_6):** δ/ppm = −136.72 (d, J = 20.3 Hz), −139.26 (d, J = 20.4 Hz), −151.15 (bs), −151.20 (bs);
ESI-MS: calculated $[C_{27}H_{23}F_4N_2]^+$ $[M-BF_4]^+$: 451.1792, found: 451.1799.

General procedure for the enantioselective hydrogenation of standard substrates:

The following substrates were used for the screening of chiral NHC ligands: 2-phenylbenzofuran (**26**), 6-methyl-2,3-diphenylquinoxaline (**28**), 4-phenylpyrimidine (**30**), and 2-phenylpyrazine (**32**).

In a glove box, an oven-dried Schlenk tube, equipped with a magnetic stirring bar, was charged with [Ru(COD)(2-methylallyl)$_2$] (1.0 equiv.), NHC·HX (2.0 equiv.), and dry KO*t*Bu (2.1 equiv.). The mixture was suspended in *n*-hexane (0.01 M) and stirred at 70 °C for 18 h. The catalyst stock solution (10 mol%) was transferred under argon to a glass vial containing the corresponding substrate (0.10 mmol) and the vial was placed in a 150 mL stainless steel autoclave under an argon atmosphere. The autoclave was pressurized and depressurized with hydrogen gas five times before the pressure was set to 100 bar. The reaction mixture was stirred at 40 °C for 24 h. After the autoclave was carefully depressurized, TFAA (4.0 equiv.) and dichloromethane (1.0 mL) were added to the reactions containing the pyrimidine and pyrazine substrates and the mixture was stirred for 5 min. The conversions of the reactions were checked by GC-MS analysis.

4.3 Synthesis of chiral 2-oxazolidinones

4.3.1 Synthesis of substrates

General procedure for the α-oxidation of acetophenones to α-hydroxy ketones:

(Diacetoxyiodo)benzene (3.54 g, 11.0 mmol, 1.1 equiv.) was slowly added to a solution of the corresponding acetophenone derivative (10.0 mmol, 1.0 equiv.) in MeOH (25 mL, 0.4 M) at 0 °C in an open flask. The reaction was stirred at room temperature until full consumption of starting material was observed by TLC analysis (generally overnight). The reaction mixture was concentrated under reduced pressure, water (75 mL) was added and the mixture was extracted with EtOAc (3 x 50 mL). The volatiles were evaporated and the residue was dissolved in a mixture of MeOH (7 mL, 1.4 M) and aqueous 3 M HCl (5 mL, 15 mmol, 1.5 equiv.). After stirring overnight at room temperature, the crude mixture was concentrated under reduced pressure and purified by column chromatography on silica gel to provide pure α-hydroxy ketones.[100]

2-Hydroxy-1-(*p*-tolyl)ethan-1-one (42a)

Synthesized according to the general procedure from 4'-methylacetophenone (1.34 mL, 10.0 mmol, 1.0 equiv.). Purification by column chromatography on silica gel (*n*-pentane/ EtOAc = 9/1) afforded 2-hydroxy-1-(*p*-tolyl)ethan-1-one (**42a**) as a pale yellow solid (883 mg, 5.88 mmol, 59%).

42a

R_f (*n*-pentane/EtOAc = 9/1): 0.23;
^{1}H-NMR (400 MHz, CDCl$_3$): δ/ppm = 7.82 (d, J = 8.2 Hz, 2H), 7.29 (d, J = 7.9 Hz, 2H), 4.84 (d, J = 4.7 Hz, 2H), 3.54 (t, J = 4.7 Hz, 1H), 2.43 (s, 3H);
^{13}C-NMR (101 MHz, CDCl$_3$): δ/ppm = 198.1, 145.5, 131.0, 129.8, 127.9, 65.4, 21.9;
ESI-MS: calculated [C$_9$H$_{10}$O$_2$Na]$^+$ [M+Na]$^+$: 173.0573, found: 173.0572;
The obtained analytical data were in accordance with the literature.[135]

2-Hydroxy-1-(*m*-tolyl)ethan-1-one (42b)

Synthesized according to the general procedure from 3'-methyl-acetophenone (1.36 mL, 10.0 mmol, 1.0 equiv.). Purification by column chromatography on silica gel (*n*-pentane/EtOAc = 9/1) afforded 2-hydroxy-1-(*m*-tolyl)ethan-1-one (**42b**) as a pale yellow solid (827 mg, 5.50 mmol, 55%).

42b

R_f (*n*-pentane/EtOAc = 9/1): 0.23;
^{1}H-NMR (400 MHz, CDCl$_3$): δ/ppm = 7.75 – 7.67 (m, 2H), 7.38 (t, J = 7.6 Hz, 1H), 4.86 (d, J = 2.0 Hz, 3H), 3.53 (bs, 1H), 2.42 (s, 3H);
^{13}C-NMR (101 MHz, CDCl$_3$): δ/ppm = 198.7, 139.0, 135.2, 133.5, 129.0, 128.3, 125.0, 65.6, 21.5;
ESI-MS: calculated [C$_9$H$_{10}$O$_2$Na]$^+$ [M+Na]$^+$: 173.0573, found: 173.0573;
The obtained analytical data were in accordance with the literature.[135]

2-Hydroxy-1-(*o*-tolyl)ethan-1-one (42c)

Synthesized according to the general procedure from 2'-methyl-acetophenone (2.61 g, 20.0 mmol, 1.0 equiv.). Purification by column chromatography on silica gel (*n*-pentane/EtOAc = 95/5 to 9/1) afforded 2-hydroxy-1-(*o*-tolyl)ethan-1-one (**42c**) as a yellow solid (1.37 g, 9.12 mmol, 46%).

42c

R_f (*n*-pentane/EtOAc = 9/1): 0.28;
^{1}H-NMR (300 MHz, CDCl$_3$): δ/ppm = 7.63 (d, J = 7.5 Hz, 1H), 7.46 (t, J = 7.5 Hz, 1H), 7.35 – 7.27 (m, 2H), 4.77 (s, 2H), 3.58 (bs, 1H), 2.59 (s, 3H);
^{13}C-NMR (75 MHz, CDCl$_3$): δ/ppm = 201.0, 139.9, 133.1, 133.0, 132.6, 128.6,

126.2, 66.7, 21.9;
ESI-MS: calculated $[C_9H_{10}O_2Na]^+$ $[M+Na]^+$: 173.0573, found: 173.0570;
The obtained analytical data were in accordance with the literature.[135]

2-Hydroxy-1-(4-(trifluoromethyl)phenyl)ethan-1-one (42d)

Synthesized according to the general procedure from 4'-(trifluoromethyl)acetophenone (1.88 g, 10.0 mmol, 1.0 equiv.). Purification by column chromatography on silica gel (*n*-pentane/EtOAc = 9/1 to 8/2) afforded 2-hydroxy-1-(4-(trifluoromethyl)phenyl)ethan-1-one (**42d**) as a yellow powder (1.50 g, 7.35 mmol, 74%).

R_f (*n*-pentane/EtOAc = 8/2): 0.43;
¹H-NMR (300 MHz, CDCl₃): δ/ppm = 8.04 (d, J = 8.1 Hz, 2H), 7.78 (d, J = 8.2 Hz, 2H), 4.92 (s, 2H), 3.41 (bs, 1H);
¹³C-NMR (101 MHz, CDCl₃): δ/ppm = 197.8, 136.2, 135.7 (q, J = 33.0 Hz), 128.2, 126.2 (q, J = 3.7 Hz), 123.5 (q, J = 272.9 Hz), 65.9;
¹⁹F-NMR (282 MHz, CDCl₃): δ/ppm = −63.32;
ESI-MS: calculated $[C_{10}H_8F_3O_4]^-$ $[M+HCO_2]^-$: 249.0380, found: 249.0358;
The obtained analytical data were in accordance with the literature.[136]

2-Hydroxy-1-(4-methoxyphenyl)ethan-1-one (42e)

Synthesized according to the general procedure from 4'-methoxyacetophenone (1.50 mL, 10.0 mmol, 1.0 equiv.). Purification by column chromatography on silica gel (*n*-pentane/EtOAc = 9/1 to 7/3) afforded 2-hydroxy-1-(4-methoxyphenyl)ethan-1-one (**42e**) as a pale yellow solid (887 mg, 5.34 mmol, 53%).

R_f (*n*-pentane/EtOAc = 8/2): 0.33;
¹H-NMR (400 MHz, CDCl₃): δ/ppm = 7.90 (d, J = 8.2 Hz, 2H), 6.96 (d, J = 8.3 Hz, 2H), 4.82 (s, 2H), 3.88 (s, 3H), 3.57 (bs, 1H);
¹³C-NMR (101 MHz, CDCl₃): δ/ppm = 196.3, 164.5, 130.1, 126.5, 114.3, 65.1, 55.7;
ESI-MS: calculated $[C_9H_{10}O_3Na]^+$ $[M+Na]^+$: 189.0522, found: 189.0508;
The obtained analytical data were in accordance with the literature.[135]

1-([1,1'-Biphenyl]-4-yl)-2-hydroxyethan-1-one (42f)

Synthesized according to the general procedure from 4'-phenylacetophenone (1.96 g, 10.0 mmol, 1.0 equiv.). Recrystallization from dichloromethane afforded 1-([1,1'-biphenyl]-4-yl)-2-hydroxyethan-1-one (**42f**) as a pale yellow solid (1.20 g, 5.67 mmol, 57%).

R$_f$ (*n*-pentane/EtOAc = 8/2): 0.53;
^{1}H-NMR (400 MHz, CDCl$_3$): δ/ppm = 8.00 (d, J = 8.4 Hz, 1H), 7.73 (d, J = 8.3 Hz, 1H), 7.66 – 7.60 (m, 2H), 7.53 – 7.46 (m, 2H), 7.45 – 7.40 (m, 1H), 4.92 (d, J = 4.3 Hz, 2H), 3.55 (t, J = 4.3 Hz, 1H);
^{13}C-NMR (101 MHz, CDCl$_3$): δ/ppm = 198.1, 147.2, 139.7, 132.2, 129.2, 128.7, 128.4, 127.7, 127.4, 65.6;
ESI-MS: calculated [C$_{14}$H$_{12}$O$_2$Na]$^+$ [M+Na]$^+$: 235.0730, found: 235.0732;
The obtained analytical data were in accordance with the literature.[135]

1-(4-Fluorophenyl)-2-hydroxyethan-1-one (42g)

Synthesized according to the general procedure from 4'-fluoroacetophenone (1.21 mL, 10.0 mmol, 1.0 equiv.). Filtration and washing with *n*-pentane afforded 1-(4-fluorophenyl)-2-hydroxyethan-1-one (**42g**) as a yellow powder (1.06 g, 6.91 mmol, 69%).

R$_f$ (*n*-pentane/EtOAc = 8/2): 0.40;
^{1}H-NMR (300 MHz, CDCl$_3$): δ/ppm = 8.01 – 7.91 (m, 2H), 7.24 – 7.12 (m, 2H), 4.85 (s, 2H), 3.45 (bs, 1H);
^{13}C-NMR (75 MHz, CDCl$_3$): δ/ppm = 197.0, 166.5 (d, J = 256.6 Hz), 130.6 (d, J = 9.5 Hz), 123.0 (d, J = 3.0 Hz), 116.4 (d, J = 22.1 Hz), 65.5;
^{19}F-NMR (282 MHz, CDCl$_3$): δ/ppm = −102.60 (s);
ESI-MS: calculated [C$_8$H$_7$O$_2$FNa]$^+$ [M+Na]$^+$: 177.0322, found: 177.0325;
The obtained analytical data were in accordance with the literature.[135]

1-(4-Chlorophenyl)-2-hydroxyethan-1-one (42h)

Synthesized according to the general procedure from 4'-chloroacetophenone (1.30 mL, 10.0 mmol, 1.0 equiv.). Filtration and washing with *n*-pentane afforded 1-(4-chlorophenyl)-2-hydroxyethan-1-one (**42h**) as a white powder (1.17 g, 6.85 mmol, 68%).

R$_f$ (*n*-pentane/EtOAc = 8/2): 0.46;
^{1}H-NMR (400 MHz, CDCl$_3$): δ/ppm = 7.90 – 7.83 (m, 2H), 7.51 – 7.46 (m, 2H), 4.85 (s, 3H), 3.44 (bs, 1H);
^{13}C-NMR (101 MHz, CDCl$_3$): δ/ppm = 197.4, 141.0, 131.8, 129.5, 129.2, 65.6;
ESI-MS: calculated [C$_8$H$_7$O$_2$ClNa]$^+$ [M+Na]$^+$: 193.0027, found: 193.0038;
The obtained analytical data were in accordance with the literature.[135]

1-(4-Bromophenyl)-2-hydroxyethan-1-one (42i)

Synthesized according to the general procedure from 4'-bromoacetophenone (1.99 g, 10.0 mmol, 1.0 equiv.). Filtration and washing with *n*-pentane afforded 1-(4-bromophe-

nyl)-2-hydroxyethan-1-one (**42i**) as a yellow powder (1.73 g, 8.03 mmol, 80%).
R_f (*n*-pentane/EtOAc = 8/2): 0.46;
^{1}H-NMR (400 MHz, CDCl$_3$): δ/ppm = 7.82 – 7.76 (m, 2H), 7.68 – 7.63 (m, 2H), 4.84 (s, 2H), 3.44 (bs, 1H);
^{13}C-NMR (101 MHz, CDCl$_3$): δ/ppm = 197.6, 132.5, 132.2, 129.7, 129.3, 65.6;
ESI-MS: calculated [C$_8$H$_7$O$_2$BrNa]$^+$ [M+Na]$^+$: 236.9522, found: 236.9528;
The obtained analytical data were in accordance with the literature.[135]

2-Hydroxy-1-(naphthalen-2-yl)ethan-1-one (42j)

Synthesized according to the general procedure from 2'-acetonaphthone (1.70 g, 10.0 mmol, 1.0 equiv.). Purification by column chromatography on silica gel (*n*-pentane/EtOAc = 9/1 to 7/3) afforded 2-hydroxy-1-(naphthalen-2-yl)ethan-1-one (**42j**) as a pale yellow solid (1.33 g, 7.14 mmol, 71%).

R_f (*n*-pentane/EtOAc = 8/2): 0.53;
^{1}H-NMR (400 MHz, CDCl$_3$): δ/ppm = 8.42 (s, 1H), 8.01 – 7.87 (m, 4H), 7.68 – 7.55 (m, 2H), 5.02 (s, 2H), 3.60 (s, 1H);
^{13}C-NMR (101 MHz, CDCl$_3$): δ/ppm = 198.4, 136.3, 132.5, 130.8, 129.8, 129.7, 129.2, 129.1, 128.1, 127.3, 123.2, 65.7;
ESI-MS: calculated [C$_{12}$H$_{10}$ONa]$^+$ [M + Na]$^+$: 209.0573, found: 209.0575;
The obtained analytical data were in accordance with the literature.[135]

1-(Benzo[*d*][1,3]dioxol-5-yl)-2-hydroxyethan-1-one (42k)

Synthesized according to the general procedure from 3',4'-(methylenedioxy)acetophenone (3.28 g, 20.0 mmol, 1.0 equiv.). Purification by column chromatography on silica gel (*n*-pentane/EtOAc = 8/2 to 1/1) afforded 1-(benzo-[*d*][1,3]dioxol-5-yl)-2-hydroxyethan-1-one (**42k**) as a white solid (2.21 g, 12.27 mmol, 61%).

R_f (*n*-pentane/EtOAc = 8/2): 0.45;
^{1}H-NMR (400 MHz, CDCl$_3$): δ/ppm = 7.49 (dd, J = 8.2, 1.7 Hz, 1H), 7.40 (d, J = 1.7 Hz, 1H), 6.88 (d, J = 8.2 Hz, 1H), 6.07 (s, 2H), 4.78 (s, 2H), 3.51 (bs, 1H);
^{13}C-NMR (101 MHz, CDCl$_3$): δ/ppm = 196.5, 152.9, 148.5, 124.2, 108.4, 107.6, 102.2, 65.2;
ESI-MS: calculated [C$_9$H$_8$O$_4$Na]$^+$ [M+Na]$^+$: 203.0315, found: 203.0316;
The obtained analytical data were in accordance with the literature.[135]

1-(Furan-2-yl)-2-hydroxyethan-1-one (42l)

Synthesized according to the general procedure from 2-acetyl-furan (1.10 g, 10.0 mmol, 1.0 equiv.). Purification by column chromatography on silica gel (*n*-pentane/EtOAc = 8/2 to 7/3) afforded 1-(furan-2-yl)-2-hydroxyethan-1-one (**42l**) as a white solid (0.90 g, 7.14 mmol, 71%).

R$_f$ (*n*-pentane/EtOAc = 8/2): 0.25;

^{1}H-NMR (300 MHz, CDCl$_3$): δ/ppm = 7.66 – 7.59 (m, 1H), 7.29 (d, J = 3.6 Hz, 1H), 6.59 (dd, J = 3.6, 1.7 Hz, 1H), 4.73 (s, 2H), 3.29 (s, 1H);

^{13}C-NMR (75 MHz, CDCl$_3$): δ/ppm = 187.8, 150.2, 147.2, 118.0, 112.7, 65.2;

ESI-MS: calculated [C$_6$H$_6$O$_3$Na]$^+$ [M+Na]$^+$: 149.0209, found: 149.0195.

The obtained analytical data were in accordance with the literature.[137]

General procedure for the synthesis of 4-subsituted oxazol-2(3*H*)-ones:

A solution of the corresponding α-hydroxy ketone derivative (1.0 equiv.), potassium cyanate (2.0 equiv.), acetic acid (2.4 equiv.) and THF (0.33 M) was stirred at 50 °C until complete consumption of the starting material was indicated by TLC (generally overnight). The mixture was allowed to cool down to room temperature, followed by the addition of water (30 mL) and EtOAc (50 mL). The organic layers were separated, washed with saturated aqueous NaHCO$_3$ solution (50 mL), dried over MgSO$_4$, concentrated and purified by column chromatography on silica gel.[100]

4-(*p*-Tolyl)oxazol-2(3*H*)-one (43a)

Synthesized according to the general procedure from **42a** (800 mg, 5.33 mmol, 1.0 equiv.). Purification by column chromatography on silica gel (*n*-pentane/EtOAc = 8/2 to 7/3) afforded oxazol-2(3*H*)-one **43a** as a white solid (523 mg, 2.99 mmol, 56%).

R$_f$ (*n*-pentane/EtOAc = 8/2): 0.34;

^{1}H-NMR (400 MHz, CDCl$_3$): δ/ppm = 10.75 (s, 1H), 7.33 (d, J = 8.2 Hz, 2H), 7.23 (d, J = 8.0 Hz, 2H), 7.08 (d, J = 1.4 Hz, 1H), 2.37 (s, 3H);

^{13}C-NMR (101 MHz, CDCl$_3$): δ/ppm = 158.3, 139.2, 130.0, 128.3, 124.3, 123.5, 21.5, one aromatic ^{13}C-signal could not be detected;

ESI-MS: calculated [C$_{10}$H$_9$NO$_2$Na]$^+$ [M+Na]$^+$: 198.0525, found: 198.0529;

The obtained analytical data were in accordance with the literature.[100]

4-(*m*-Tolyl)oxazol-2(3*H*)-one (43b)

Synthesized according to the general procedure from **42b** (750 mg, 5.00 mmol, 1.0 equiv.). Purification by column chromatography on silica gel (*n*-pentane/EtOAc = 4/1 to 3/2) afforded oxazol-2(3*H*)-one **43b** as a white solid (441 mg, 2.52 mmol, 50%).

R_f (*n*-pentane/EtOAc = 8/2): 0.40;

43b

^{1}H-NMR (400 MHz, CDCl$_3$): δ/ppm = 10.81 (s, 1H), 7.35 – 7.29 (m, 1H), 7.26 – 7.22 (m, 2H), 7.17 (d, J = 7.5 Hz, 1H), 7.11 (d, J = 1.4 Hz, 1H), 2.39 (s, 3H);

^{13}C-NMR (101 MHz, CDCl$_3$): δ/ppm = 158.3, 139.1, 123.0, 129.3, 128.4, 126.3, 124.9, 123.9, 121.5, 21.6;

ESI-MS: calculated [C$_{10}$H$_9$NO$_2$Na]$^+$ [M+Na]$^+$: 198.0525, found: 198.0530;

The obtained analytical data were in accordance with the literature.[100]

4-(*o*-Tolyl)oxazol-2(3*H*)-one (43c)

Synthesized according to the general procedure from **42c** (630 mg, 4.20 mmol, 1.0 equiv.). Purification by column chromatography on silica gel (*n*-pentane/EtOAc = 8/2 to 7/3) afforded oxazol-2(3*H*)-one **43c** as a yellow solid (354 mg, 2.02 mmol, 48%).

43c

R_f (*n*-pentane/EtOAc = 8/2): 0.33;

^{1}H-NMR (400 MHz, CDCl$_3$): δ/ppm = 10.53 (s, 1H), 7.42 – 7.38 (m, 1H), 7.33 – 7.30 (m, 1H), 7.30 – 7.26 (m, 2H), 6.94 (d, J = 1.6 Hz, 1H), 2.42 (s, 3H);

^{13}C-NMR (101 MHz, CDCl$_3$): δ/ppm = 157.8, 135.8, 131.4, 129.1, 127.3, 127.3, 126.8, 126.2, 125.7, 21.5;

ESI-MS: calculated [C$_{10}$H$_9$NO$_2$Na]$^+$ [M+Na]$^+$: 198.0525, found: 198.0535;

The obtained analytical data were in accordance with the literature.[100]

4-(4-(Trifluoromethyl)phenyl)oxazol-2(3*H*)-one (43d)

Synthesized according to the general procedure from **42d** (1.43 g, 7.00 mmol, 1.0 equiv.). Recrystallization from MeOH afforded oxazol-2(3*H*)-one **43d** as a white solid (593 mg, 2.59 mmol, 37%).

43d

R_f (*n*-pentane/EtOAc = 8/2): 0.32;

^{1}H-NMR (300 MHz, DMSO-d_6): δ/ppm = 11.55 (bs, 1H), 7.88 (s, 1H), 7.84 – 7.71 (m, 4H);

^{13}C-NMR (75 MHz, DMSO-d_6): δ/ppm = 155.9, 130.9, 128.3 (q, J = 32.0 Hz), 126.8, 126.1, 125.9 (q, J = 3.7 Hz), 124.5, 122.3

^{19}F-NMR (282 MHz, DMSO-d_6): δ/ppm = −61.18 (s);

ESI-MS: calculated [C$_{10}$H$_6$NO$_2$F$_3$Na]$^+$ [M+Na]$^+$: 252.0243, found: 252.0243.

4-(4-Methoxyphenyl)oxazol-2(3*H*)-one (43d)

Synthesized according to the general procedure from **42e** (830 mg, 5.00 mmol, 1.0 equiv.). Purification by column chromatography on silica gel (*n*-pentane/EtOAc = 7/3 to 6/4) afforded oxazol-2(3*H*)-one **43e** as a yellow solid (208 mg, 1.09 mmol, 22%).

43d R_f (*n*-pentane/EtOAc = 7/3): 0.28;

^{1}H-NMR (300 MHz, CDCl$_3$): δ/ppm = 10.76 (s, 1H), 7.41 – 7.34 (m, 2H), 7.04 – 7.01 (m, 1H), 7.00 – 6.90 (m, 2H), 3.83 (s, 3H);
^{13}C-NMR (75z MHz, CDCl$_3$): δ/ppm = 160.2, 158.3, 128.1, 125.8, 122.8, 118.9, 114.8, 55.5;
ESI-MS: calculated [C$_{10}$H$_9$NO$_3$Na]$^+$ [M+Na]$^+$: 214.0475, found: 214.0471;
The obtained analytical data were in accordance with the literature.[100]

4-([1,1'-Biphenyl]-4-yl)oxazol-2(3*H*)-one (43f)

Synthesized according to the general procedure from **42f** (1.06 g, 5.00 mmol, 1.0 equiv.). Purification by column chromatography on silica gel (*n*-pentane/EtOAc = 9/1 to 7/3) afforded oxazol-2(3*H*)-one **43f** as a white solid (481 mg, 2.03 mmol, 41%).

43f R_f (*n*-pentane/EtOAc = 8/2): 0.31;

^{1}H-NMR (400 MHz, DMSO-d_6): δ/ppm = 11.41 (s, 1H), 7.77 – 7.69 (m, 5H), 7.68 – 7.63 (m, 2H), 7.51 – 7.44 (m, 2H), 7.41 – 7.35 (m, 1H);
^{13}C-NMR (101 MHz, DMSO-d_6): δ/ppm = 156.0, 139.8, 139.2, 129.0, 127.7, 127.1, 126.9, 126.6, 125.9, 124.9, 124.5;
ESI-MS: calculated [C$_{15}$H$_{11}$NO$_2$Na]$^+$ [M+Na]$^+$: 260.0682, found: 260.0690.

4-(4-Fluorophenyl)oxazol-2(3*H*)-one (43g)

Synthesized according to the general procedure from **42g** (971 mg, 6.30 mmol, 1.0 equiv.). Purification by column chromatography on silica gel (*n*-pentane/EtOAc = 8/2 to 7/3) afforded oxazol-2(3*H*)-one **43g** as a white solid (677 mg, 3.78 mmol, 60%).

43g R_f (*n*-pentane/EtOAc = 7/3): 0.42;

^{1}H-NMR (300 MHz, MeOH-d_4): δ/ppm = 7.56 – 7.48 (m, 2H), 7.36 (s, 1H), 7.22 – 7.11 (m, 2H); the N-*H* signal could not be detected in MeOH-d_4.
^{13}C-NMR (75 MHz, MeOH-d_4): δ/ppm = 164.1 (d, J = 247.4 Hz), 158.9, 128.6, 127.6 (d, J = 8.3 Hz), 125.6 (d, J = 1.9 Hz), 124.7 (d, J = 3.4 Hz), 117.0 (d, J = 22.4 Hz);
^{19}F-NMR (282 MHz, MeOH-d_4): δ/ppm = −114.46 (s);
ESI-MS: calculated [C$_9$H$_6$NO$_2$FNa]$^+$ [M+Na]$^+$: 202.0275, found: 202.0271.

4-(4-Chlorophenyl)oxazol-2(3*H*)-one (43h)

Synthesized according to the general procedure from **42h** (1.07 g, 6.30 mmol, 1.0 equiv.). Purification by column chromatography on silica gel (*n*-pentane/EtOAc = 8/2 to 7/3) afforded oxazol-2(3*H*)-one **43h** as an orange solid (579 mg, 2.96 mmol, 47%).

R_f (*n*-pentane/EtOAc = 7/3): 0.57;

¹H-NMR (400 MHz, DMSO-d_6): δ/ppm = 12.23 (s, 1H), 8.57 (s, 1H), 8.43 – 8.37 (m, 2H), 8.37 – 8.30 (m, 2H);

¹³C-NMR (101 MHz, DMSO-d_6): δ/ppm = 155.9, 132.7, 129.0, 126.2, 125.8, 125.7, 125.3;

ESI-MS: calculated $[C_9H_6NO_2ClNa]^+$ $[M+Na]^+$: 217.9979, found: 217.9979.

4-(4-Bromophenyl)oxazol-2(3*H*)-one (43i)

Synthesized according to the general procedure from **42i** (1.66 g, 7.70 mmol, 1.0 equiv.). Purification by column chromatography on silica gel (*n*-pentane/EtOAc = 7/3) afforded oxazol-2(3*H*)-one **43i** as an orange solid (915 mg, 3.81 mmol, 50%).

R_f (*n*-pentane/EtOAc = 8/2): 0.32;

¹H-NMR (400 MHz, DMSO-d_6): δ/ppm = 11.39 (s, 1H), 7.74 (s, 1H), 7.63 (d, J = 8.5 Hz, 2H), 7.50 (d, J = 8.5 Hz, 2H);

¹³C-NMR (101 MHz, DMSO-d_6): δ/ppm = 155.9, 131.9, 126.2, 126.1, 125.9, 125.3, 121.3;

ESI-MS: calculated $[C_9H_6NO_2BrNa]^+$ $[M+Na]^+$: 261.9474, found: 261.9474.

4-(Naphthalen-2-yl)oxazol-2(3*H*)-one (43j)

Synthesized according to the general procedure from **42j** (1.11 g, 6.00 mmol, 1.0 equiv.). Purification by column chromatography on silica gel (*n*-pentane/EtOAc = 4/1 to 3/2) afforded oxazol-2(3*H*)-one **43j** as a white solid (545 mg, 2.58 mmol, 43%).

R_f (*n*-pentane/EtOAc = 8/2): 0.31;

¹H-NMR (300 MHz, DMSO-d_6): δ/ppm = 11.52 (s, 1H), 8.06 (s, 1H), 7.99 – 7.88 (m, 2H), 7.88 – 7.81 (m, 2H), 7.70 (dd, J = 8.6, 1.8 Hz, 1H), 7.60 – 7.49 (m, 2H);

¹³C-NMR (75 MHz, DMSO-d_6): δ/ppm = 156.0, 132.8, 132.5, 128.6, 127.8, 127.8, 127.3, 127.0, 126.6, 125.5, 124.3, 122.4, 122.1;

ESI-MS: calculated $[C_{13}H_9NO_2Na]^+$ $[M+Na]^+$: 234.0525, found: 234.0526;

The obtained analytical data were in accordance with the literature.[100]

4-(Benzo[*d*][1,3]dioxol-5-yl)oxazol-2(3*H*)-one (43k)

Synthesized according to the general procedure from **42k** (1.08 g, 6.00 mmol, 1.0 equiv.). Recrystallization from MeOH afforded oxazol-2(3*H*)-one **43k** as a white solid (538 mg, 2.62 mmol, 44%).

R_f (*n*-pentane/EtOAc = 7/3): 0.24;

43k

¹H-NMR (300 MHz, DMSO-*d₆*): δ/ppm = 11.26 (bs, 1H), 7.57 (s, 1H), 7.16 (s, 1H), 7.05 (d, *J* = 8.1 Hz, 1H), 6.97 (d, *J* = 8.1 Hz, 1H), 6.05 (s, 2H);

¹³C-NMR (75z MHz, DMSO-*d₆*): δ/ppm = 156.0, 147.9, 147.3, 127.1, 123.8, 120.8, 117.9, 108.7, 104.5, 101.4;

ESI-MS: calculated $[C_{10}H_7NO_4Na]^+$ $[M+Na]^+$: 228.0267, found: 228.0271.

4-(Furan-2-yl)oxazol-2(3*H*)-one (43l)

Synthesized according to the general procedure from **42l** (850 mg, 6.74 mmol, 1.0 equiv.). Purification by column chromatography on silica gel (*n*-pentane/EtOAc = 9/1 to 8/2) afforded oxazol-2(3*H*)-one **43l** as a yellow solid (140 mg, 0.93 mmol, 14%).

43l

R_f (*n*-pentane/EtOAc = 8/2): 0.25;

¹H-NMR (400 MHz, CDCl₃): δ/ppm = 10.39 (s, 1H), 7.44 (d, *J* = 1.4 Hz, 1H), 7.07 (d, *J* = 1.4 Hz, 1H), 6.58 (d, *J* = 3.4 Hz, 1H), 6.47 (dd, *J* = 3.4, 1.8 Hz, 1H);

¹³C-NMR (101 MHz, CDCl₃): δ/ppm = 157.5, 143.2, 141.4, 123.6, 120.45 111.7, 108.0;

ESI-MS: calculated $[C_7H_5NO_3Na]^+$ $[M+Na]^+$: 174.0162, found: 174.0165; The obtained analytical data were in accordance with the literature.[100]

General procedure for the N–PMB protection of oxazol-2(3*H*)-ones:

Sodium hydride (60% purity, 1.5 equiv.) was added portionwise to a solution of the corresponding oxazolone (1.0 equiv.) in DMF (0.5 M) at 0 °C. The mixture was allowed to warm up to room temperature and stirred for 30 min at that temperature, before *p*-methoxybenzyl chloride (1.3 equiv.) was added. After full consumption of the starting material, as indicated by TLC analysis (generally 5–6 h), the reaction was quenched with water. EtOAc was added and the organic layers were washed twice with 5wt% aqueous LiCl-solution to remove DMF, followed by additional washing with brine. After drying over MgSO₄, the crude product was purified by column chromatography on silica gel. Subsequent purification by recrystallization from EtOAc gave the PMB-protected oxazol-2(3H)-ones.[74]

3-(4-Methoxybenzyl)-4-(*p*-tolyl)oxazol-2(3*H*)-one (39a)

39a

Synthesized according to the general procedure from **43a** (680 mg, 3.88 mmol, 1.0 equiv.). Purification by column chromatography on silica gel (5% EtOAc in *n*-pentane/CH$_2$Cl$_2$ = 7/2) afforded oxazolone **39a** as a yellow solid (878 mg, 2.97 mmol, 77%). Recrystallization from EtOAc gave **39a** as a white solid.

R_f (*n*-pentane/CH$_2$Cl$_2$/EtOAc = 7/2/0.5): 0.23;
¹H-NMR (400 MHz, CDCl₃): δ/ppm = 7.20 (d, J = 7.9 Hz, 2H), 7.13 – 7.08 (m, 2H), 7.02 – 6.97 (m, 2H), 6.80 – 6.77 (m, 1H), 6.77 – 6.75 (m, 2H), 4.71 (s, 2H), 3.77 (s, 3H), 2.39 (s, 3H);
¹³C-NMR (101 MHz, CDCl₃): δ/ppm = 159.3, 156.6, 139.9, 129.9, 129.7, 129.0, 128.9, 128.5, 123.9, 123.7, 114.1, 55.4, 45.4, 21.5;
ESI-MS: calculated [C$_{18}$H$_{17}$NO$_3$Na]$^+$ [M+Na]$^+$: 318.1101, found: 318.1094.

3-(4-Methoxybenzyl)-4-(*m*-tolyl)oxazol-2(3*H*)-one (39b)

39b

Synthesized according to the general procedure from **43b** (892 mg, 5.09 mmol, 1.0 equiv.). Purification by column chromatography on silica gel (5% EtOAc in *n*-pentane/CH$_2$Cl$_2$ = 7/2) afforded oxazolone **39b** as a yellow solid (1.16 g, 3.93 mmol, 77%). Recrystallization from EtOAc gave **39b** as a white solid.
R_f (*n*-pentane/CH$_2$Cl$_2$/EtOAc = 7/2/0.5): 0.28;
¹H-NMR (400 MHz, CDCl₃): δ/ppm = 7.23 (d, J = 7.0 Hz, 1H), 7.21 – 7.17 (m, 1H), 7.01 – 6.93 (m, 4H), 6.76 – 6.72 (m, 3H), 4.68 (s, 2H), 3.73 (s, 3H), 2.29 (s, 3H);
¹³C-NMR (101 MHz, CDCl₃): δ/ppm = 159.3, 156.6, 138.8, 130.4, 130.0, 129.6, 129.0, 128.9, 128.5, 126.5, 125.9, 124.0, 114.1, 55.3, 45.5, 21.4;
ESI-MS: calculated [C$_{18}$H$_{17}$NO$_3$Na]$^+$ [M+Na]$^+$: 318.1101, found: 318.1093.

3-(4-Methoxybenzyl)-4-(*o*-tolyl)oxazol-2(3*H*)-one (39c)

39c

Synthesized according to the general procedure from **43c** (310 mg, 1.77 mmol, 1.0 equiv.). Purification by column chromatography on silica gel (*n*-pentane/EtOAc = 9/1 to 85/15) afforded **39c** as a yellow oil (464 mg, 1.57 mmol, 89%), which was recrystallized from EtOAc.
R_f (*n*-pentane/EtOAc = 8/2): 0.63;
¹H-NMR (400 MHz, CDCl₃): δ/ppm = 7.36 (td, J = 7.6, 1.3 Hz, 1H), 7.26 –

7.18 (m, 2H), 7.07 (dd, J = 7.6, 1.3 Hz, 1H), 6.84 – 6.78 (m, 2H), 6.72 – 6.65 (m, 3H), 4.49 (s, 2H), 3.75 (s, 3H), 2.02 (s, 3H);
^{13}C-NMR (101 MHz, CDCl$_3$): δ/ppm = 159.3, 156.3, 138.7, 131.4, 130.5, 130.3, 129.6, 128.3, 127.9, 126.0, 125.8, 124.6, 113.9, 55.4, 45.3, 19.7;
ESI-MS: calculated [C$_{18}$H$_{17}$NO$_3$Na]$^+$ [M+Na]$^+$: 318.1101, found: 318.1102.

3-(4-Methoxybenzyl)-4-(4-(trifluoromethyl)phenyl)oxazol-2(3*H*)-one (39d)

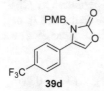

Synthesized according to the general procedure from **43d** (520 mg, 2.27 mmol, 1.0 equiv.). Purification by column chromatography on silica gel (*n*-pentane/EtOAc = 9/1 to 8/2) afforded **39d** as a yellow solid (635 mg, 1.82 mmol, 80%). Recrystallization from EtOAc gave **39d** as a white solid.
R$_f$ (*n*-pentane/EtOAc = 8/2): 0.63;

^{1}H-NMR (300 MHz, CDCl$_3$): δ/ppm = 7.64 (d, J = 8.2 Hz, 2H), 7.34 (d, J = 8.2 Hz, 2H), 6.98 (d, J = 8.6 Hz, 2H), 6.88 (s, 1H), 6.78 (d, J = 8.6 Hz, 2H), 4.75 (s, 2H), 3.76 (s, 3H);
^{13}C-NMR (75 MHz, CDCl$_3$): δ/ppm = 159.4, 156.4, 131.6 (q, J = 32.8 Hz), 130.3, 130.3, 129.0, 128.8, 128.0, 126.0 (q, J = 3.7 Hz), 125.0, 123.8 (q, J = 272.5 Hz), 114.3, 55.4, 45.8;
^{19}F-NMR (282 MHz, CDCl$_3$): δ/ppm = −62.87;
ESI-MS: calculated [C$_{18}$H$_{14}$NO$_3$F$_3$Na]$^+$ [M+Na]$^+$: 372.0818, found: 372.0818.

3-(4-Methoxybenzyl)-4-(4-methoxyphenyl)oxazol-2(3*H*)-one (39e)

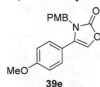

Synthesized according to the general procedure from **43e** (150 mg, 0.78 mmol, 1.0 equiv.). Purification by column chromatography on silica gel (*n*-pentane/EtOAc = 9/1 to 8/2) afforded **39e** as a yellow solid (164 mg, 0.53 mmol, 68%), which was recrystallized from EtOAc.
R$_f$ (*n*-pentane/EtOAc = 8/2): 0.19;

^{1}H-NMR (400 MHz, CDCl$_3$): δ/ppm = 7.15 – 7.10 (m, 2H), 7.02 – 6.97 (m, 2H), 6.93 – 6.88 (m, 2H), 6.80 – 6.75 (m, 2H), 6.74 (s, 1H), 4.69 (s, 2H), 3.84 (s, 3H), 3.77 (s, 3H);
^{13}C-NMR (101 MHz, CDCl$_3$): δ/ppm = 160.7, 159.3, 130.5, 129.6, 129.0, 128.6, 123.8, 118.8, 114.5, 114.1, 55.5, 55.4, 45.3, one ^{13}C-signal could not be identified;
ESI-MS: calculated [C$_{18}$H$_{17}$NO$_4$Na]$^+$ [M+Na]$^+$: 334.1050, found: 334.1053.

4-([1,1'-Biphenyl]-4-yl)-3-(4-methoxybenzyl)oxazol-2(3*H*)-one (39f)

Synthesized according to the general procedure from **43f** (450 mg, 1.90 mmol, 1.0 equiv.). Purification by column chromatography on silica gel (*n*-pentane/EtOAc = 9/1 to 8/2) afforded **39f** as a yellow solid (469 mg, 1.31 mmol, 69%), which was recrystallized from EtOAc.

R_f (*n*-pentane/EtOAc = 8/2): 0.26;

^{1}H-NMR (400 MHz, CDCl$_3$): δ/ppm = 7.66 – 7.59 (m, 4H), 7.51 – 7.45 (m, 2H), 7.43 – 7.36 (m, 1H), 7.32 – 7.27 (m, 2H), 7.07 – 7.01 (m, 2H), 6.85 (s, 1H), 6.82 – 6.77 (m, 2H), 4.78 (s, 2H), 3.77 (s, 3H);

^{13}C-NMR (101 MHz, CDCl$_3$): δ/ppm = 159.3, 156.6, 142.5, 140.0, 129.6, 129.2, 129.1, 128.9, 128.4, 128.1, 127.6, 127.2, 125.5, 124.2, 114.2, 55.4, 45.5;

ESI-MS: calculated [C$_{23}$H$_{19}$NO$_3$Na]$^+$ [M+Na]$^+$: 380.1257, found: 380.1252.

4-(4-Fluorophenyl)-3-(4-methoxybenzyl)oxazol-2(3*H*)-one (39g)

Synthesized according to the general procedure from **43g** (560 mg, 3.13 mmol, 1.0 equiv.). Purification by column chromatography on silica gel (*n*-pentane/EtOAc = 9/1 to 8/2) afforded **39g** as a yellow solid (617 mg, 2.06 mmol, 66%), which was further purified by recrystallization from EtOAc.

R_f (*n*-pentane/EtOAc = 8/2): 0.40;

^{1}H-NMR (300 MHz, CDCl$_3$): δ/ppm = 7.22 – 7.14 (m, 2H), 7.12 – 7.03 (m, 2H), 6.99 – 6.92 (m, 2H), 6.80 – 6.77 (m, 2H), 6.77 – 6.74 (m, 1H), 4.69 (s, 2H), 3.77 (s, 3H);

^{13}C-NMR (75 MHz, CDCl$_3$): δ/ppm = 163.5 (d, J = 250.5 Hz), 159.3, 156.4, 131.0 (d, J = 8.4 Hz), 128.9, 128.8, 128.2, 124.3, 122.7 (d, J = 3.5 Hz), 116.2 (d, J = 21.9 Hz), 114.2, 55.4, 45.5;

^{19}F-NMR (282 MHz, CDCl$_3$): δ/ppm = −110.51 (s);

ESI-MS: calculated [C$_{17}$H$_{14}$NO$_3$FNa]$^+$ [M+Na]$^+$: 322.0850, found: 322.0845.

4-(4-Chlorophenyl)-3-(4-methoxybenzyl)oxazol-2(3*H*)-one (39h)

Synthesized according to the general procedure from **43h** (484 mg, 2.47 mmol, 1.0 equiv.). Purification by column chromatography on silica gel (*n*-pentane/EtOAc = 9/1 to 85/15) afforded **39h** as a yellow solid (600 mg, 1.90 mmol, 77%), which was further purified by recrystallization from EtOAc.

R_f (*n*-pentane/EtOAc = 8/2): 0.45;

^{1}H-NMR (400 MHz, CDCl$_3$): δ/ppm = 7.39 – 7.33 (m, 2H), 7.17 – 7.11 (m, 2H), 7.01 – 6.95 (m, 2H), 6.80 (s, 1H), 6.80 – 6.76 (m, 2H), 4.71 (s, 2H), 3.77 (s, 3H);

^{13}**C-NMR (101 MHz, CDCl$_3$):** δ/ppm = 159.4, 156.5, 135.9, 130.2, 129.4, 128.9, 128.8, 128.2, 125.1, 124.4, 114.2, 55.4, 45.6;
ESI-MS: calculated [C$_{17}$H$_{14}$NO$_3$ClNa]$^+$ [M+Na]$^+$: 338.0554, found: 338.0555.

4-(4-Bromophenyl)-3-(4-methoxybenzyl)oxazol-2(3H)-one (39i)

Synthesized according to the general procedure from **43i** (850 mg, 3.54 mmol, 1.0 equiv.). Purification by column chromatography on silica gel (*n*-pentane/EtOAc = 9/1 to 85/15) afforded **39i** as a yellow solid (880 mg, 2.44 mmol, 69%). Recrystallization from EtOAc gave **39i** as a white solid.

R$_f$ (*n*-pentane/EtOAc = 8/2): 0.50;
^{1}**H-NMR (400 MHz, CDCl$_3$):** δ/ppm = 7.54 – 7.48 (m, 2H), 7.10 – 7.04 (m, 2H), 7.00 – 6.94 (m, 2H), 6.80 (s, 1H), 6.79 – 6.74 (m, 2H), 4.70 (s, 2H), 3.75 (s, 3H);
^{13}**C-NMR (101 MHz, CDCl$_3$):** δ/ppm = 159.3, 156.4, 132.3, 130.3, 128.8, 128.8, 128.1, 125.5, 124.4, 124.0, 114.2, 55.3, 45.5;
ESI-MS: calculated [C$_{17}$H$_{14}$NO$_3$BrNa]$^+$ [M+Na]$^+$: 382.0049, found: 382.0041.

3-(4-Methoxybenzyl)-4-(naphthalen-2-yl)oxazol-2(3H)-one (39j)

Synthesized according to the general procedure from **43j** (444 mg, 2.10 mmol, 1.0 equiv.). Purification by column chromatography on silica gel (*n*-pentane/EtOAc = 8/2) afforded a yellow oil (603 mg, 1.82 mmol, 87%). Recrystallization from EtOAc gave **39j** as a white solid.

R$_f$ (*n*-pentane/EtOAc = 8/2): 0.53;
^{1}**H-NMR (400 MHz, CDCl$_3$):** δ/ppm = 7.90 – 7.84 (m, 2H), 7.79 – 7.75 (m, 1H), 7.70 (s, 1H), 7.59 – 7.51 (m, 2H), 7.29 (dd, J = 8.5, 1.7 Hz, 1H), 7.05 – 6.99 (m, 2H), 6.90 (s, 1H), 6.79 – 6.74 (m, 2H), 4.79 (s, 2H), 3.76 (s, 3H);
^{13}**C-NMR (101 MHz, CDCl$_3$):** δ/ppm = 159.3, 133.5, 133.1, 130.1, 129.1, 128.9, 128.5, 128.5, 128.3, 128.0, 127.3, 127.1, 125.8, 124.5, 123.9, 114.2, 55.4, 45.8, one ^{13}C-signal could not be identified;
ESI-MS: calculated [C$_{21}$H$_{17}$NO$_3$Na]$^+$ [M+Na]$^+$: 354.1101, found: 354.1099.

4-(Benzo[d][1,3]dioxol-5-yl)-3-(4-methoxybenzyl)oxazol-2(3H)-one (39k)

Synthesized according to the general procedure from **43k** (450 mg, 2.19 mmol, 1.0 equiv.). Purification by column chromatography on silica gel (*n*-pentane/EtOAc = 9/1 to 8/2) afforded **39k** as a red oil (486 mg, 1.49 mmol, 68%), which was further purified by recrystallization from EtOAc.

R$_f$ (*n*-pentane/EtOAc = 8/2): 0.19;
^{1}**H-NMR (400 MHz, CDCl$_3$):** δ/ppm = 7.03 – 6.98 (m, 2H), 6.82 – 6.78 (m,

2H), 6.78 – 6.76 (m, 1H), 6.73 (s, 1H), 6.69 (dd, J = 8.0, 1.7 Hz, 1H), 6.64 (d, J = 1.7 Hz, 1H), 6.01 (s, 2H), 4.70 (s, 2H), 3.76 (s, 3H);
^{13}C-NMR (101 MHz, CDCl$_3$): δ/ppm = 159.3, 156.4, 148.9, 148.1, 129.5, 128.9, 128.4, 124.0, 123.2, 120.0, 114.1, 109.2, 108.8, 101.7, 55.4, 45.3;
ESI-MS: calculated [C$_{18}$H$_{15}$NO$_5$Na]$^+$ [M+Na]$^+$: 348.0842, found: 348.0835.

4-(Furan-2-yl)-3-(4-methoxybenzyl)oxazol-2(3H)-one (39l)

39l

Synthesized according to the general procedure from **43l** (120 mg, 0.79 mmol, 1.0 equiv.). Purification by column chromatography on silica gel (n-pentane/CH$_2$Cl$_2$/EtOAc = 7/2/0.5) afforded **39l** as a yellow oil (175 mg, 0.65 mmol, 82%), which was further purified by recrystallization from EtOAc.

R$_f$ (n-pentane/CH$_2$Cl$_2$/EtOAc = 7/2/0.5): 0.32;
^{1}H-NMR (300 MHz, CDCl$_3$): δ/ppm = 7.51 (dd, J = 1.8, 0.7 Hz, 1H), 7.14 – 7.07 (m, 2H), 6.99 (s, 1H), 6.83 – 6.77 (m, 2H), 6.42 (dd, J = 3.4, 1.9 Hz, 1H), 6.36 (d, J = 3.4 Hz, 1H), 4.89 (s, 2H), 3.76 (s, 3H);
^{13}C-NMR (75 MHz, CDCl$_3$): δ/ppm = 159.3, 156.0, 143.6, 140.7, 128.7, 128.1, 125.0, 121.0, 114.2, 111.6, 110.3, 55.4, 46.0;
ESI-MS: calculated [C$_{15}$H$_{13}$NO$_4$Na]$^+$ [M+Na]$^+$: 294.0737, found: 294.0742.

4.3.2 Synthesis of chiral 2-oxazolidinones by enantioselective hydrogenation

General procedure for the enantioselective hydrogenation of oxazolones to oxazolidinones:

[Ru(COD)(2-methylallyl)$_2$] (2 mol%)
(R,R)-SINpEt·HBF$_4$ (4 mol%), NaOtBu (5 mol%)

cyclohexane/THF = 20/1
H$_2$ (50 bar), 0 °C, 24 h

39 → **40**

In a glove box, an oven-dried Schlenk tube was charged with [Ru(COD)(2-methylallyl)$_2$] (1.0 equiv.), (R,R)-SINpEt·HBF$_4$ (2.0 equiv.) and dry NaOtBu (2.4 equiv.). After addition of n-hexane (0.02 M), the suspension was stirred at 70 °C for 16 h. The catalyst stock solution (2 mol%) in n-hexane was transferred under argon to a glass vial containing the corresponding PMB-protected oxazolone (0.20 mmol) in cyclohexane/THF (20/1, 0.1 M (referring to cyclohexane)). The glass vial was placed in a 150 mL stainless steel autoclave, which was pressurized and depressurized with hydrogen gas three times before the pressure was set to 50 bar. The reaction mixture was stirred for 24 h at 0 °C. After careful depressurization of the autoclave, the mixture was purified by column chromatography on silica gel (n-pentane/EtOAc = 10/1 to 8/2) to afford the desired enantioenriched oxazolidinones.

The racemic products were synthesized by charging a glass vial with the corresponding oxazolone (20 mg), Pd/C (10%, 10 mg) and MeOH (1 mL). The glass vial was placed in a 150 mL stainless steel autoclave. The autoclave was pressurized and depressurized with hydrogen gas three times before the H_2 pressure was set to 5–8 bar. The mixture was stirred for 18 h at 25 °C and the pressure was carefully released. Purification by filtration over a short pad of silica gel (eluent EtOAc) gave the racemic products.

3-(4-Methoxybenzyl)-4-(p-tolyl)oxazolidin-2-one (40a)

Synthesized according to the general procedure from **39a** (59.1 mg, 0.20 mmol, 1.0 equiv.). Purification by column chromatography on silica gel (n-pentane/EtOAc = 10/1 to 8/2) afforded **40a** as a white solid (51.3 mg, 0.17 mmol, 86%).

R_f (n-pentane/EtOAc = 8/2): 0.42;

^{1}H-NMR (400 MHz, CDCl$_3$): δ/ppm = 7.22 (d, J = 7.8 Hz, 2H), 7.15 – 7.09 (m, 2H), 7.08 – 7.03 (m, 2H), 6.86 – 6.80 (m, 2H), 4.79 (d, J = 14.7 Hz, 1H), 4.55 – 4.43 (m, 2H), 4.07 (dd, J = 7.2, 5.9 Hz, 1H), 3.80 (s, 2H), 3.56 (d, J = 14.7 Hz, 1H), 2.38 (s, 2H)

^{13}C-NMR (101 MHz, CDCl$_3$): δ/ppm = 159.4, 158.4, 139.1, 134.5, 130.2, 130.1, 127.6, 127.3, 114.1, 70.1, 58.5, 55.4, 45.2, 21.3;

ESI-MS: calculated $[C_{18}H_{19}NO_3Na]^+$ $[M+Na]^+$: 320.1257, found: 320.1262;

HPLC: 89% ee (Chiralcel AS-H, n-hexane/iPrOH = 80/20, 1.0 mL/min, 230 nm, t_{R1} = 23.4 min (major) t_{R2} = 29.6 min (minor).

3-(4-Methoxybenzyl)-4-(m-tolyl)oxazolidin-2-one (40b)

Synthesized according to the general procedure from **39b** (59.1 mg, 0.20 mmol, 1.0 equiv.). Purification by column chromatography on silica gel (n-pentane/EtOAc = 10/1 to 8/2) afforded **40b** as a colorless oil (12.6 mg, 0.04 mmol, 21%).

R_f (n-pentane/EtOAc = 8/2): 0.45;

^{1}H-NMR (400 MHz, CDCl$_3$): δ/ppm = 7.29 (t, J = 7.5 Hz, 1H), 7.19 (d, J = 7.6 Hz, 1H), 7.09 – 6.98 (m, 4H), 6.86 – 6.80 (m, 2H), 4.79 (d, J = 14.7 Hz, 1H), 4.55 – 4.44 (m, 2H), 4.09 (dd, J = 7.5, 6.0 Hz, 1H), 3.80 (s, 3H), 3.60 (d, J = 14.7 Hz, 1H), 2.37 (s, 3H);

^{13}C-NMR (101 MHz, CDCl$_3$): δ/ppm = 159.5, 158.5, 139.4, 137.6, 130.2, 130.0, 129.3, 127.8, 127.7, 124.6, 114.2, 70.1, 58.8, 55.4, 45.4, 21.6;

ESI-MS: calculated $[C_{18}H_{19}NO_3Na]^+$ $[M+Na]^+$: 320.1257, found: 320.1272;

HPLC: 74% ee (Chiralcel AS-H, n-hexane/iPrOH = 80/20, 1.0 mL/min, 230 nm, t_{R1} = 19.9 min (major) t_{R2} = 27.3 min (minor).

3-(4-Methoxybenzyl)-4-(o-tolyl)oxazolidin-2-one (40c)

Synthesized according to the general procedure from **39c** (29.5 mg, 0.10 mmol, 1.0 equiv.). Purification by column chromatography on silica gel (n-pentane/EtOAc = 10/1 to 8/2) afforded **40c** as a colorless oil (26.4 mg, 0.089 mmol, 89%).

40c

R_f (*n*-pentane/EtOAc = 8/2): 0.45;

¹H-NMR (300 MHz, CDCl₃): δ/ppm = 7.36 – 7.27 (m, 3H), 7.20 (d, J = 7.1 Hz, 1H), 7.07 – 7.00 (m, 2H), 6.88 – 6.81 (m, 2H), 4.90 (d, J = 14.6 Hz, 1H), 4.79 (dd, J = 8.8, 7.7 Hz, 1H), 4.56 (t, J = 8.7 Hz, 1H), 4.02 (t, J = 8.0 Hz, 1H), 3.82 (s, 3H), 3.63 (d, J = 14.6 Hz, 1H), 2.10 (s, 3H);

¹³C-NMR (75 MHz, CDCl₃): δ/ppm = 159.5, 158.7, 136.0, 135.3, 131.3, 130.2, 128.6, 127.5, 127.3, 114.2, 86.4, 69.4, 55.4, 45.5, 19.0, one ¹³C-signal could not be identified;

ESI-MS: calculated $[C_{18}H_{19}NO_3Na]^+$ $[M+Na]^+$: 320.1257, found: 320.1252;

HPLC: 95% *ee* (Chiralcel AD-H, *n*-hexane/*i*PrOH = 90/10, 0.8 mL/min, 230 nm, t_{R1} = 17.0 min (minor) t_{R2} = 18.3 min (major).

3-(4-Methoxybenzyl)-4-(4-(trifluoromethyl)phenyl)oxazolidin-2-one (40d)

Synthesized according to the general procedure from **39d** (69.6 mg, 0.20 mmol, 1.0 equiv.). Purification by column chromatography on silica gel (*n*-pentane/EtOAc = 10/1 to 8/2 to 2/1) afforded **40d** as a colorless oil (34.3 mg, 0.098 mmol, 49%).

40d

R_f (*n*-pentane/EtOAc = 8/2): 0.36;

¹H-NMR (300 MHz, CDCl₃): δ/ppm = 7.68 (d, J = 8.0 Hz, 2H), 7.36 (d, J = 8.0 Hz, 2H), 7.07 – 6.98 (m, 2H), 6.86 – 6.77 (m, 2H), 4.82 (d, J = 14.7 Hz, 1H), 4.63 – 4.49 (m, 2H), 4.13 – 4.00 (m, 1H), 3.79 (s, 3H), 3.61 (d, J = 14.7 Hz, 1H);

¹³C-NMR (75 MHz, CDCl₃): δ/ppm = 159.6, 158.3, 141.8, 131.5 (q, J = 32.6 Hz), 130.2, 127.8, 127.1, 126.5 (q, J = 3.7 Hz), 123.9 (q, J = 272.6 Hz), 114.3, 69.6, 58.4, 55.4, 45.7;

¹⁹F-NMR (282 MHz, CDCl₃): δ/ppm = −62.71 (s);

ESI-MS: calculated $[C_{18}H_{16}NO_3F_3Na]^+$ $[M+Na]^+$: 374.0974, found: 374.0969;

HPLC: 92% *ee* (Chiralcel OD-H, *n*-hexane/*i*PrOH = 80/20, 1.0 mL/min, 230 nm, t_{R1} = 11.7 min (minor) t_{R2} = 14.9 min (major).

4.4   Synthesis of CAAC and CAArC ligands

4.4.1   Synthesis of substrates and carbene building blocks

1-[(*tert*-Butyldimethylsilyl)oxy]-2-chlorobenzene (99)

Following a modified literature procedure by Phillips,[138] 2-Chlorophenol (2.55 mL, 25 mmol, 1.0 equiv.), 4-dimethylamino-pydridine (0.31 g, 2.5 mmol, 0.1 equiv.), and imidazole (2.72 g, 40 mmol, 1.6 equiv.) were dissolved in dry dichloromethane (100 mL, 0.25 M). *tert*-Butyldimethylsilyl chloride (4.14 g, 27.5 mmol, 1.1 equiv.) was added at 0 °C and the solution was stirred for 21 h at room temperature. The solution was filtered and the volatiles were evaporated. After addition of Et_2O (50 mL) and water (25 mL), the solution was acidified to pH = 1 with 2 M aqueous HCl. The organic layer was separated, washed with brine (3 x 50 mL) and dried over $MgSO_4$. Concentration under reduced pressure afforded a colorless residue, which was purified by column chromatography (*n*-pentane/EtOAc = 95/5) to provide 99 as a colorless oil (5.93 g, 24.4 mmol, 98%).

R_f (*n*-pentane/EtOAc = 95/5): 0.74;
¹H-NMR (300 MHz, CDCl₃): δ/ppm = 7.36 (dd, J = 8.3, 1.7 Hz, 1H), 7.18 – 7.07 (m, 1H), 6.95 – 6.86 (m, 2H), 1.06 (s, 9H), 0.25 (s, 6H);
¹³C-NMR (75 MHz, CDCl₃): δ/ppm = 151.7, 130.4, 127.6, 125.8, 122.2, 120.9, 25.8, 18.5, −4.2;
The obtained analytical data were in accordance with the literature.[139]

2-Nitroisophthalic acid (105)

Following a modified literature procedure by Nolan,[140] $KMnO_4$ (158 g, 1.00 mol, 4.0 equiv.) was added to a solution of NaOH (33 g, 0.83 mol, 3.3 equiv.) in water (1000 mL, 0.25 M). 2-Nitro-*m*-xylene (34.0 mL, 0.25 mol, 1.0 equiv.) was added and the solution was refluxed for 19 h until the purple color disappeared. The solution was cooled to room temperature before being filtered through a glass frit. The filtrate was acidified to pH = 2 with conc. H_2SO_4 (50 mL) and the white precipitate was collected by filtration and washed with dichloromethane. The crude white solid was washed with EtOAc and the remaining insoluble white solid was discarded. The filtrate was concentrated under reduced pressure after drying over $MgSO_4$. The pure diacid 105 was obtained as a white powder (13.3 g, 63.0 mmol, 25%).

¹H-NMR (300 MHz, DMSO-d_6): δ/ppm = 14.17 (bs, 2H), 8.19 (d, J = 7.8 Hz, 2H), 7.81 (t, J = 7.7 Hz, 1H);
¹³C-NMR (75 MHz, DMSO-d_6): δ/ppm = 164.2, 148.8, 134.6, 131.2, 124.8;

ESI-MS: calculated $[C_8H_4NO_6]^-$ $[M-H]^-$: 210.0044, found: 210.0047;
The obtained analytical data were in accordance with the literature.[140]

Dimethyl 2-nitroisophthalate (106)

Following a modified literature procedure by Nolan,[140] a solution of 2-nitroisophthalic acid (13.2 g, 62.5 mmol, 1.0 equiv.) and conc. H_2SO_4 (98%, 12 mL, 219 mmol, 3.5 equiv.) in methanol (120 mL, 0.5 M) was refluxed for 18 h upon which a white precipitate was formed. The mixture was concentrated to half of the original volume and the suspension was diluted with water (120 mL) to complete the precipitation. The white solid was collected by filtration and washed with water (120 mL) before being dissolved in dichloromethane. The solution was dried over $MgSO_4$ and concentrated under reduced pressure. The pure diester **106** was obtained as a white powder (13.1 g, 54.8 mmol, 88%).

^{1}H-NMR (300 MHz, CDCl$_3$): δ/ppm = 8.20 (d, J = 7.9 Hz, 2H), 7.66 (t, J = 7.9 Hz, 1H), 3.91 (s, 6H);
^{13}C-NMR (75 MHz, CDCl$_3$): δ/ppm = 163.2, 135.2, 130.3, 124.1, 53.5, one ^{13}C-signal could not be identified;
ESI-MS: calculated $[C_{10}H_9NO_6Na]^+$ $[M+Na]^+$: 262.0322, found: 262.0328;
The obtained analytical data were in accordance with the literature.[140]

Dimethyl 2-aminoisophthalate (107)

Following a modified literature procedure by Nolan,[140] a suspension of dimethyl 2-nitroisophthalate (13.1 g, 54.6 mmol, 1.0 equiv.) and Pd/C (10%, 0.83 g, 0.7 mmol, 1.2 mol%) in EtOAc (146 mL, 0.37 M) was purged with argon and placed under positive pressure of hydrogen at room temperature. The reaction was stirred until completion (20 h) as indicated by TLC. The mixture was filtered through a plug of celite (eluent: EtOAc), dried over $MgSO_4$ and concentrated under reduced pressure, to give the desired aniline **107** as a green solid (11.3 g, 54.0 mmol, 99%).

R_f (n-pentane/EtOAc = 95/5): 0.44;
^{1}H-NMR (300 MHz, CDCl$_3$): δ/ppm = 8.08 (d, J = 7.8 Hz, 2H), 6.55 (t, J = 7.8 Hz, 1H), 3.87 (s, 6H), the ^{1}H-signal for the amino group could not be identified;
^{13}C-NMR (75 MHz, CDCl$_3$): δ/ppm = 168.3, 153.3, 137.5, 113.7, 111.8, 51.9;
ESI-MS: calculated $[C_{10}H_{11}NO_4Na]^+$ $[M+Na]^+$: 232.0580, found: 232.0583;
The obtained analytical data were in accordance with the literature.[140]

2,6-Di(pentan-3-ol)aniline (108)

Following a modified literature procedure by Nolan,[140] a solution of ethylbromide (32 mL, 429.6 mmol, 8.0 equiv.) in dry THF (190 mL, 2.3 M) was added dropwise over 30 min to a suspension of magnesium (11.8 g, 483.6 mmol, 9.0 equiv.) in dry THF (190 mL, 2.5 M) at 0 °C. The mixture was allowed to warm up to room temperature and stirred for 2 h at that temperature, before being cooled to 0 °C. Dimethyl 2-aminoisophthalate (11.2 g, 53.7 mmol, 1.0 equiv.) was added slowly to the Grignard solution. After warming up to room temperature, the solution was stirred for 1.5 h at that temperature and carefully quenched with saturated aqueous NH$_4$Cl solution (100 mL). After addition of Et$_2$O (200 mL), the organic layers were separated, washed with saturated aqueous NH$_4$Cl solution (3 x 100 mL), dried over MgSO$_4$ and concentrated under reduced pressure. Flushing the crude oil through a pad of silica gel (eluent: Et$_2$O) gave the diol **108** as a green oil (13.8 g, 52.0 mmol, 97%).

R$_f$ (*n*-pentane/EtOAc = 1/1): 0.58;
^{1}H-NMR (400 MHz, CDCl$_3$): δ/ppm = 6.90 (d, *J* = 7.8 Hz, 2H), 6.56 (t, *J* = 7.8 Hz, 1H), 4.11 (bs, 2H), 3.75 – 3.69 (m, 1H), 2.12 – 1.99 (m, 4H), 1.97 – 1.86 (m, 4H), 1.86 – 1.81 (m, 1H), 0.83 (t, *J* = 7.5 Hz, 12H);
^{13}C-NMR (101 MHz, CDCl$_3$): δ/ppm = 147.0, 128.2, 127.0, 115.4, 80.1, 31.0, 8.5;
ESI-MS: calculated [C$_{16}$H$_{28}$NO$_2$]$^+$ [M+H]$^+$: 266.2115, found: 266.2119;
The obtained analytical data were in accordance with the literature.[140]

2,6-Di(pent-2-en-3-yl)aniline (109)

Following a modified literature procedure by Nolan,[140] A solution of 2,6-di(pentan-3-ol)aniline (13.8 g, 52.0 mmol, 1.0 equiv.) and conc. H$_2$SO$_4$ (98%, 28 mL, 515 mmol, 9.9 equiv.) in THF (520 mL, 0.1 M) was stirred for 2 h at 100 °C, allowed to cool down to room temperature and carefully basified with a saturated aqueous NaOH solution (65 mL). The mixture was extracted with EtOAc (3 x 250 mL), dried over MgSO$_4$ and concentrated *in vacuo*. The crude dialkene **109** was obtained as a brown oil and mixture of (*E*)- and (*Z*)- isomers (11.7 g, 50.9 mmol, 98%), which was directly used in the next step.

2,6-Diisopentylaniline (110)

110

Following a modified literature procedure by Nolan,[140] a suspension of dialkene **109** (11.7 g, 50.2 mmol, 1.0 equiv.) and Pd/C (10%, 9.1 g, 5.1 mmol, 10 mol%) in EtOH (250 mL, 0.2 M) was placed under positive pressure of hydrogen and stirred under reflux. After completion (94 h), indicated by TLC, the mixture was filtered through a pad of celite and the filter cake was washed with EtOAc. The yellow solution was concentrated *in vacuo* and the residue purified by column chromatography on silica gel (*n*-pentane/CH$_2$Cl$_2$ = 8/2). 2,6-Diisopentylaniline (**110**) was obtained as a red oil (6.8 g, 29.2 mmol, 58%).

R$_f$ (*n*-pentane/CH$_2$Cl$_2$ = 8/2): 0.61;
^{1}H-NMR (400 MHz, CDCl$_3$): δ/ppm = 6.92 (d, *J* = 7.5 Hz, 2H), 6.80 (t, *J* = 7.5 Hz, 1H), 3.62 (bs, 2H), 2.58 – 2.45 (m, 2H), 1.80 – 1.68 (m, 4H), 1.68 – 1.55 (m, 4H), 0.86 (t, *J* = 7.4 Hz, 12H);
^{13}C-NMR (101 MHz, CDCl$_3$): δ/ppm = 142.7, 130.1, 124.0, 118.6, 42.5, 28.1, 12.2;
ESI-MS: calculated [C$_{16}$H$_{28}$N]$^+$ [M+H]$^+$: 234.2216, found: 234.2230;
The obtained analytical data were in accordance with the literature.[140]

2-Bromo-6-iodobenzaldehyde (118)

118

Following a modified literature procedure by Jang,[141] 1-bromo-3-iodobenzene (6.4 mL, 50.2 mmol, 1.0 equiv.) and dry DMF (12.4 mL, 160.6 mmol, 3.2 equiv.) were added to a solution of lithium diisopropylamide (6.45 g, 60.2 mmol, 1.2 equiv.) in dry THF (250 mL, 0.2 M) at −78 °C. The mixture was stirred for 10 min at that temperature, before the reaction was quenched with 1 M H$_2$SO$_4$ (5 mL) and water (100 mL). The reaction mixture was extracted with dichloromethane (3 x 100 mL), dried over MgSO$_4$ and concentrated under reduced pressure. Purification by column chromatography on silica gel (*n*-pentane/CH$_2$Cl$_2$ = 9/1) gave aldehyde **118** as a yellow solid (9.87 g, 31.7 mmol, 63%).

R$_f$ (*n*-pentane/CH$_2$Cl$_2$ = 9/1): 0.23;
^{1}H-NMR (400 MHz, CDCl$_3$): δ/ppm = 10.05 (s, 1H), 7.98 (dd, *J* = 7.9, 0.5 Hz, 1H), 7.68 (dd, *J* = 7.9, 0.8 Hz, 1H), 7.04 (t, *J* = 7.9 Hz, 1H);
^{13}C-NMR (101 MHz, CDCl$_3$): δ/ppm = 193.2, 140.9, 134.6, 134.4, 125.4, 96.6;
GC-MS (EI): calculated [C$_7$H$_4$OBrI]$^+$ [M]$^+$: 309.8485, found: 309.9, 280.9, 229.9, 182.0, 154.0, 126.9, 75.1.

3-Bromo-3',5'-dimethyl-[1,1'-biphenyl]-2-carbaldehyde (119)

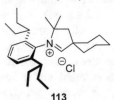

Following a modified literature procedure by Ren,[142] a mixture of 2-bromo-6-iodobenzaldehyde (118) (1.56 g, 5.0 mmol. 1.0 equiv.), (3,5-dimethylphenyl)boronic acid (735 mg, 4.9 mmol, 0.98 equiv.), Pd(PPh$_3$)$_4$ (289 mg, 0.25 mmol, 0.05 equiv.), and Cs$_2$CO$_3$ (4.1 g, 12.5 mmol, 2.5 equiv.) in 1,4-dioxane/water (5/1, 0.2 M) was stirred at 100 °C for 20 h. After cooling to room temperature, water (30 mL) was added and the resulting mixture was extracted with EtOAc (3 x 50 mL). The combined organic layers were dried over MgSO$_4$, concentrated under reduced pressure and purified by column chromatography on silica gel (n-pentane/Et$_2$O = 99/1), to give aldehyde 119 as a white solid (1.10 g, 3.80 mmol, 78%).

R$_f$ (n-pentane/Et$_2$O = 98/2): 0.16;
^{1}H-NMR (400 MHz, CDCl$_3$): δ/ppm = 9.94 (s, 1H), 7.67 (dd, J = 7.2, 1.8 Hz, 1H), 7.41 – 7.32 (m, 2H), 7.06 (s, 1H), 6.91 (s, 2H), 2.36 (s, 6H);
^{13}C-NMR (101 MHz, CDCl$_3$): δ/ppm = 192.2, 147.4, 138.2, 137.9, 133.5, 133.4, 132.8, 130.2, 130.1, 127.7, 122.3, 21.4;
ESI-MS: calculated [C$_{15}$H$_{13}$OBrNa]$^+$ [M+Na]$^+$: 311.0042, found: 311.0048.

4.4.2   Synthesis of CAAC and CAArC precursors

2-(2,6-Di(pentan-3-yl)phenyl)-3,3-dimethyl-2-azaspiro[4.5]dec-1-en-2-ium chloride (113)

Following a modified literature procedure by Bertrand,[109] a solution of 2,6-diisopentylaniline (747 mg, 3.20 mmol) and cyclohexanecarbaldehyde (0.39 mL, 3.20 mmol) in EtOH (6.4 mL, 0.5 M) was refluxed for 21 h. Upon full conversion of the aldehyde, all volatiles were removed under reduced pressure and aldimine formation was confirmed by ^{1}H-NMR. Without further purification, the aldimine was dissolved in Et$_2$O (6.0 mL, 0.5 M) and cooled down to −78 °C. A solution of LDA (343 mg, 3.20 mmol, 1.0 equiv.) in Et$_2$O (6.0 mL, 0.5 M), cooled down to −78 °C, was slowly added. After 15 min, the mixture was allowed to warm up to room temperature and stirred for additional 3 h. 3-Bromo-2-methylpropene (0.33 mL, 3.23 mmol, 1.01 equiv.) was added at −78 °C and stirring was continued for 15 min. After 18 h at room temperature, all volatiles were removed and the orange oil was dissolved in acetonitrile (10 mL, 0.3 M). A solution of 4 M HCl in dioxane (1.6 mL, 6.40 mmol. 2.0 equiv.) was added to the mixture at −78 °C and the reaction was stirred for 15 min at that temperature. The solution was allowed to warm up to room temperature and stirred at 50 °C for 22 h. All volatiles were removed under reduced pressure and the residue was washed with n-pentane. Purification by column chromatography on silica gel (CH_2Cl_2/MeOH = 9/1) afforded CAAC salt **113** as a pale brown solid (106 mg, 0.25 mmol, 8%). Suitable Crystals for X-ray diffraction analysis were obtained by recrystallization from $CHCl_3$.

R_f (CH_2Cl_2/MeOH = 9/1): 0.46;

^{1}H-NMR (400 MHz, CDCl$_3$): δ/ppm = 9.72 (s, 1H), 7.50 (t, J = 7.8 Hz, 1H), 7.23 (d, J = 7.9 Hz, 2H), 2.60 – 2.51 (m, 4H), 2.23 – 2.14 (m, 2H), 1.91 – 1.80 (m, 4H), 1.79 – 1.63 (m, 7H), 1.60 (s, 6H), 1.56 – 1.40 (m, 5H), 0.99 (t, J = 7.4 Hz, 6H), 0.74 (t, J = 7.4 Hz, 6H);

^{13}C-NMR (101 MHz, CDCl$_3$): δ/ppm = 192.0, 142.8, 131.6, 131.1, 126.2, 83.9, 53.5, 45.9, 43.4, 34.0, 30.2, 29.0, 27.6, 24.2, 21.4, 12.6, 12.5;

ESI-MS: calculated $[C_{27}H_{44}N]^+$ $[M-Cl]^+$: 382.3468, found: 382.3471.

General procedure for the synthesis of isoindolium salts:

Following a modified literature procedure by Bertrand,[106] a mixture of aniline (1.0 equiv.), bromobenzaldehyde (1.0 equiv.) and $MgSO_4$ (1.0 equiv.) in EtOH (0.5 M) was refluxed for 18–21 h in a Schlenk flask. Upon full conversion of the aldehyde, all volatiles were removed under reduced pressure and imine formation was confirmed by ^{1}H-NMR. Without further purification, the imine was dissolved in Et_2O (0.35 M) and cooled to −78 °C. nBuLi (1.05 equiv., 1.6 M in hexane) was added dropwise at −78 °C and the resulting mixture was stirred at that temperature for 1 h. A solution of benzophenone (1.05 equiv.) in Et_2O (1.6 M) was added dropwise and the mixture was allowed to warm to room temperature and stirred for another 0.5–1.5 h. Trifluoromethanesulfonic anhydride (1.05 equiv.) was added dropwise at −78 °C and the reaction mixture was stirred for 3 h at −78 °C. The mixture was allowed to warm up to room temperature, stirred for 16 h at that temperature, filtered, the residue was washed with Et_2O, and dried *in vacuo* to provide pure isoindolium salts.

2-(2,6-Diisopropylphenyl)-1,1-diphenyl-1H-isoindol-2-ium triflate (60)

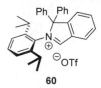

Synthesized according to the general procedure from 2,6-diisopropylaniline (7.0 mmol, 1.0 equiv.) and 2-bromobenzaldehyde (7.0 mmol, 1.0 equiv.). Isoindolium salt **60** was obtained as a white solid (1.35 g, 2.33 mmol, 33%).

^{1}H-NMR (400 MHz, CDCl$_3$): δ/ppm = 10.31 (s, 1H), 8.87 (d, J = 7.7 Hz, 1H), 7.92 (t, J = 7.7 Hz, 1H), 7.82 (t, J = 7.7 Hz, 1H), 7.46 – 7.36 (m, 3H), 7.29 (t, J = 7.8 Hz, 4H), 7.25 (d, J = 8.1 Hz, 1H), 7.12 (d, J = 7.8 Hz, 2H), 7.03 (d, J = 8.4 Hz, 4H), 2.12 (hept, J = 6.8 Hz, 2H), 1.05 (d, J = 6.8 Hz, 6H), 0.22 (d, J = 6.8 Hz, 6H);

^{13}C-NMR (75 MHz, CDCl$_3$): δ/ppm = 177.8, 155.2, 146.6, 137.9, 132.8, 132.3,

132.1, 131.2, 131.1, 130.5, 130.2, 129.1, 126.1, 125.3, 95.9, 30.5, 26.1, 21.6;
^{19}F-NMR (282 MHz, CDCl$_3$): δ/ppm = −78.28;
ESI-MS: calculated [C$_{32}$H$_{32}$N]$^+$ [M−OTf]$^+$: 430.2529, found: 430.2533;
The obtained analytical data were in accordance with the literature.[106]

2-(2,6-Diisopropylphenyl)-4-(3,5-dimethylphenyl)-1,1-diphenyl-1H-isoindol-2-ium triflate (121)

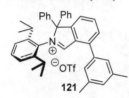

Synthesized according to the general procedure from 2,6-diisopropylaniline (3.39 mmol) and 3-bromo-3',5'-dimethyl-[1,1'-biphenyl]-2-carbaldehyde (3.39 mmol). Isoindolium salt **121** was obtained as a pale green solid (1.31 g, 1.92 mmol, 57%). Suitable Crystals for X-ray diffraction analysis were obtained by slow vapor diffusion from a mixture of CHCl$_3$ and n-pentane.

^{1}H-NMR (300 MHz, CDCl$_3$): δ/ppm = 9.38 (s, 1H), 8.03 (t, J = 7.7 Hz, 1H), 7.83 (dd, J = 7.7, 0.8 Hz, 1H), 7.49 – 7.38 (m, 3H), 7.34 (t, J = 7.6 Hz, 4H), 7.25 – 7.18 (m, 3H), 7.14 (d, J = 7.8 Hz, 3H), 7.11 – 7.03 (m, 4H), 2.40 (s, 6H), 2.24 (hept, J = 6.6 Hz, 2H), 1.09 (d, J = 6.6 Hz, 6H), 0.24 (d, J = 6.6 Hz, 6H);
^{13}C-NMR (75 MHz, CDCl$_3$): δ/ppm = 175.3, 156.3, 146.8, 146.7, 139.5, 138.6, 136.1, 133.2, 132.2, 131.7, 131.5, 131.4, 130.7, 130.4, 129.3, 127.7, 127.4, 125.6, 125.4, 96.3, 30.6, 26.5, 21.9, 21.4;
^{19}F-NMR (282 MHz, CDCl$_3$): δ/ppm = −78.15;
ESI-MS: calculated [C$_{40}$H$_{40}$N]$^+$ [M−OTf]$^+$: 534.3155, found: 534.3140.

2-(2,6-Di(pentan-3-yl)phenyl)-1,1-diphenyl-1H-isoindol-2-ium (123)

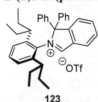

Synthesized according to the general procedure from 2,6-diisopentylaniline (3.20 mmol) and 2-bromobenzaldehyde (3.20 mmol). Isoindolium salt **123** was obtained as a white solid (263 mg, 0.41 mmol, 13%).

^{1}H-NMR (300 MHz, CDCl$_3$): δ/ppm = 10.29 (s, 1H), 9.00 (d, J = 7.2 Hz, 1H), 7.90 (td, J = 7.6, 1.3 Hz, 1H), 7.83 (td, J = 7.6, 1.1 Hz, 1H), 7.44 – 7.36 (m, 3H), 7.33 – 7.26 (m, 4H), 7.20 (d, J = 7.6 Hz, 1H), 7.07 – 6.98 (m, 6H), 1.89 – 1.76 (m, 2H), 1.58 – 1.33 (m, 4H), 1.25 – 1.07 (m, 2H), 0.73 (t, J = 7.4 Hz, 6H), 0.31 (t, J = 7.3 Hz, 6H), 0.26 – 0.13 (m, 2H);
^{13}C-NMR (75 MHz, CDCl$_3$): δ/ppm = 178.8, 155.2, 144.9, 138.0, 135.2, 133.0, 131.8, 131.3, 131.2, 130.4, 130.1, 130.1, 129.3, 126.4, 125.9, 96.0, 42.8, 28.6, 25.9, 12.1, 10.8;
^{19}F-NMR (282 MHz, CDCl$_3$): δ/ppm = −78.22;
ESI-MS: calculated [C$_{36}$H$_{40}$N]$^+$ [M−OTf]$^+$: 486.3155, found: 486.3155.

4.4.3 Synthesis of rhodium complexes and arene hydrogenation

General procedure for the synthesis of CAAC / CAArC Rh complexes:
Following a modified literature procedure by Bertrand,[106] a heat-gun-dried Young-Schlenk tube was charged with CAAC / CAArC salt (1.05 equiv.), [Rh(COD)Cl]$_2$ (0.5 equiv.), and KHMDS (1.50 equiv.) in a glovebox. The solids were cooled down to −78 °C and anhydrous THF (0.022 M) was slowly added over 10 min. The reaction was stirred at −78 °C for 15 min and allowed to warm up to room temperature and stirred at that temperature for 14–20 h. The solution was filtered through a glass frit (eluent: EtOAc) and concentrated under reduced pressure. The crude product was purified by column chromatography on silica gel, to provide pure Rh complexes.

(CAAC)Rh(COD)Cl (72)

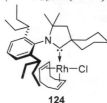

72

Synthesized according to the general procedure from CAAC·HCl **51** (0.75 mmol). Purification twice by column chromatography on silica gel (n-pentane/Et$_2$O = 10/1), provided complex **72** as a yellow powder (222 mg, 0.39 mmol, 55% based on [Rh(COD)Cl]$_2$).
R$_f$ (n-pentane/Et$_2$O = 8/2): 0.31;
¹H-NMR (300 MHz, CDCl$_3$): δ/ppm − 7.50 – 7.34 (m, 2H), 7.14 (dd, J = 7.2, 2.0 Hz, 1H), 5.24 (t, J = 7.6 Hz, 1H), 4.61 (q, J = 7.7 Hz, 1H), 3.90 (p, J = 6.6 Hz, 1H), 3.52 – 3.37 (m, 1H), 2.97 – 2.81 (m, 2H), 2.67 – 2.42 (m, 3H), 2.40 – 2.09 (m, 2H), 2.08 – 1.88 (m, 3H), 1.83 – 1.69 (m, 7H), 1.66 – 1.31 (m, 10H), 1.24 (dd, J = 6.6, 5.1 Hz, 7H), 1.20 (s, 3H), 0.95 (d, J = 6.7 Hz, 3H);
ESI-MS: calculated [C$_{31}$H$_{47}$NRh]$^+$ [M−Cl]$^+$: 536.2758, found: 536.2771;
The obtained analytical data were in accordance with the literature.[113]

(CAAC)Rh(COD)Cl (124)

124

Synthesized according to the general procedure from CAAC·HCl **113** (84 μmol). The crude product was purified twice by column chromatography on silica gel (n-pentane/Et$_2$O = 9/1 and n-pentane/Et$_2$O = 95/5 to 9/1), providing complex **124** as an orange solid (5.1 mg, 8.1 μmol, 10% based on [Rh(COD)Cl]$_2$).
R$_f$ (n-pentane/Et$_2$O = 8/2): 0.46;
¹H-NMR (300 MHz, CDCl$_3$): δ/ppm = 7.38 (dd, J = 7.6, 1.7 Hz, 1H), 7.31 (t, J = 7.7 Hz, 1H), 7.01 (dd, J = 7.5, 1.8 Hz, 1H), 5.22 (t, J = 8.3 Hz, 1H), 4.58 (q, J = 7.7 Hz, 1H), 3.75 – 3.63 (m, 1H), 3.57 – 3.45 (m, 1H), 2.96 – 2.78 (m, 2H), 2.67 – 2.44 (m, 2H), 2.41 – 2.22 (m, 3H), 2.09 – 1.94 (m, 3H), 1.83 – 1.68 (m, 4H), 1.58 (s, 3H), 1.53 (s, 3H), 1.47 – 1.30 (m, 4H), 1.25 (s, 6H), 1.20 – 1.08 (m,

4H), 1.08 (s, 3H), 0.95 (t, $J = 7.4$ Hz, 6H), 0.90 – 0.73 (m, 5H);
^{13}**C-NMR (75 MHz, CDCl$_3$):** δ/ppm = 146.0, 144.40, 137.5, 127.7, 127.3,
126.3, 100.7 (d, $J = 6.2$ Hz), 97.5 (d, $J = 5.7$ Hz), 78.2, 71.3 (d, $J = 15.0$ Hz),
65.2 ($J = 14.4$ Hz), 45.8, 42.4, 39.9, 38.5, 37.8, 34.8, 33.8, 30.9, 30.4, 29.9, 29.4,
27.6, 26.5, 26.1, 25.8, 25.1, 24.6, 24.2, 22.4, 13.0, 11.2, 10.8, 9.3, carbene carbon
atom is missing;
ESI-MS: calculated $[C_{35}H_{55}NRh]^+$ $[M-Cl]^+$: 592.3384, found: 592.3403.

(CAArC)Rh(COD)Cl (125)

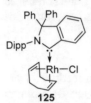

Synthesized according to the general procedure from
CAArC·HOTf **60** (830 µmol). The crude product was purified
twice by column chromatography on silica gel (*n*-
pentane/Et$_2$O = 95/5 to 80/20 and *n*-pentane/EtOAc = 90/10 to
85/15), providing complex **125** as an orange powder (114 mg,
169 µmol, 21% based on [Rh(COD)Cl]$_2$).
R$_f$ (*n*-pentane/EtOAc = 9/1): 0.36;

^{1}**H-NMR (600 MHz, CDCl$_3$):** δ/ppm = 9.32 (d, $J = 7.7$ Hz, 1H), 7.58 (td, $J =$
7.6, 0.9 Hz, 1H), 7.45 (td, $J = 7.5$, 1.1 Hz, 1H), 7.35 (t, $J = 7.7$ Hz, 1H), 7.26 –
7.20 (m, 2H), 7.20 – 7.15 (m, 3H), 7.13 – 7.07 (m, 5H), 7.01 (dd, $J = 7.7$, 1.5 Hz,
1H), 6.82 (d, $J = 7.6$ Hz, 1H), 6.75 (d, $J = 7.6$ Hz, 1H), 5.57 – 5.51 (m, 1H), 5.03
– 4.98 (m, 1H), 3.82 – 3.76 (m, 1H), 3.30 – 3.24 (m, 1H), 2.98 (hept, $J = 6.7$ Hz,
1H), 2.53 – 2.41 (m, 2H), 2.21 (hept, $J = 6.6$ Hz, 1H), 2.09 – 2.01 (m, 1H), 2.00
– 1.91 (m, 2H), 1.86 – 1.72 (m, 2H), 1.70 – 1.62 (m, 1H), 1.55 (d, $J = 6.5$ Hz,
3H), 0.88 (d, $J = 6.6$ Hz, 3H), 0.01 (d, $J = 6.6$ Hz, 3H), −0.06 (d, $J = 6.5$ Hz, 3H);
^{13}**C-NMR (151 MHz, CDCl$_3$):** δ/ppm = 149.6, 147.6, 146.7, 144.8, 138.2,
137.4, 136.2, 135.1, 132.0, 131.0, 131.0, 130.2, 129.3, 128.5, 128.5, 128.4,
128.1, 128.0, 128.0, 125.8, 124.5, 124.5, 103.6 (d, $J = 5.9$ Hz), 101.1 (d, $J = 5.4$
Hz), 96.0, 69.2 (d, $J = 14.4$ Hz), 66.7 (d, $J = 14.6$ Hz), 33.5, 32.8, 30.5, 29.7,
29.4, 28.6, 28.3, 25.1, 23.6, 23.2, carbene carbon atom is missing;
ESI-MS: calculated $[C_{40}H_{43}NRh]^+$ $[M-Cl]^+$: 640.24451, found: 640.24441;
The obtained analytical data were in accordance with the literature.[106]

(CAArC)Rh(COD)Cl (127)

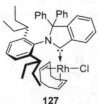

Synthesized according to the general procedure from
CAArC·HOTf **123** (157 µmol). The crude product was purified twice by column chromatography on silica gel (*n*-
pentane/Et$_2$O = 9/1 to *n*-pentane/Et$_2$O = 85/15 and *n*-
pentane/EtOAc = 9/1 to *n*-pentane/EtOAc = 85/15). Rhodium complex **127** was obtained as an orange solid (8.3 mg,
11.3 µmol, 8% based on [Rh(COD)Cl]$_2$).
R$_f$ (*n*-pentane/EtOAc = 8/2): 0.76;

^{1}H-NMR (500 MHz, CDCl$_3$): δ/ppm = 9.25 (d, J = 7.7 Hz, 1H), 7.63 – 7.59 (m, 1H), 7.57 (td, J = 7.5, 1.0 Hz, 1H), 7.46 (td, J = 7.5, 1.2 Hz, 1H), 7.38 – 7.33 (m, 2H), 7.32 – 7.29 (m, 2H), 7.28 – 7.27 (m, 2H), 7.13 – 7.02 (m, 4H), 6.97 – 6.94 (m, 1H), 6.81 (dd, J = 7.2, 2.1 Hz, 1H), 6.69 (d, J = 7.8 Hz, 1H), 5.53 – 5.44 (m, 1H), 4.99 – 4.90 (m, 1H), 4.08 – 4.00 (m, 1H), 3.34 – 3.24 (m, 1H), 3.01 – 2.92 (m, 1H), 2.92 – 2.85 (m, 1H), 2.55 – 2.42 (m, 2H), 2.11 – 1.98 (m, 2H), 1.97 – 1.84 (m, 2H), 1.84 – 1.68 (m, 2H), 1.67 – 1.64 (m, 1H), 1.08 (t, J = 7.3 Hz, 3H), 1.02 – 0.94 (m, 2H), 0.92 – 0.69 (m, 5H), 0.52 (t, J = 7.4 Hz, 3H), 0.32 (t, J = 7.3 Hz, 3H), 0.25 (t, J = 7.4 Hz, 3H);
^{13}C-NMR (126 MHz, CDCl$_3$): δ/ppm = 146.5, 146.2, 146.1, 145.7, 140.3, 139.3, 135.5, 134.9, 134.2, 132.6, 131.7, 130.4, 129.9, 128.8, 128.5, 128.1, 128.0, 128.0, 127.8, 127.6, 127.1, 126.4, 124.6, 120.7, 102.7 (d, J = 6.2 Hz), 99.3 (d, J = 6.1 Hz), 96.0, 68.5 (d, J = 14.0 Hz), 68.04 (d, J = 14.6 Hz), 41.6, 40.2, 33.4, 33.0, 31.0, 29.9, 28.6, 28.1, 24.7, 23.9, 12.7, 11.5, 10.4, 10.3, carbene carbon atom is missing;
ESI-MS: calculated [C$_{44}$H$_{51}$NRh]$^+$ [M−Cl]$^+$: 696.3071, found: 696.3057.

General procedure for the hydrogenation of aryl halides:

The indicated catalyst (3 mol%) was filled to an oven-dried 4 mL screw-cap vial equipped with a stirring bar and the indicated Lewis acid. Solvent (as indicated, 0.1 M) and aryl halide substrate (0.1 mmol, 1.0 equiv.) were added under argon atmosphere. The glass vial was placed in a 150 mL stainless steel autoclave under argon atmosphere. The autoclave was pressurized and depressurized with hydrogen gas three times before the pressure was set to 50 bar and the reaction mixture was stirred at 25 °C for 24 h. After the autoclave was carefully depressurized, mesitylene (14 μL, 101 μmol,) as internal standard, was added and the mixture was shaken. After filtration over whatman filter, the conversion was checked by GC-MS analysis. Yield and d.r. were determined by GC FID analysis.

Literaturverzeichnis

[1]   D. Bourissou, O. Guerret, F. P. Gabbaï, G. Bertrand, *Chem. Rev.* **2000**, *100*, 39–92.

[2]   F. E. Hahn, M. C. Jahnke, *Angew. Chem. Int. Ed.* **2008**, *47*, 3122–3172.

[3]   W. A. Herrmann, C. Köcher, *Angew. Chem. Int. Ed.* **1997**, *36*, 2162–2187.

[4]   M. N. Hopkinson, C. Richter, M. Schedler, F. Glorius, *Nature* **2014**, *510*, 485–496.

[5]   H.-W. Wanzlick, E. Schikora, *Angew. Chem.* **1960**, *72*, 494.

[6]   H.-W. Wanzlick, *Angew. Chem. Int. Ed.* **1962**, *1*, 75–80.

[7]   A. J. Arduengo, R. L. Harlow, M. Kline, *J. Am. Chem. Soc.* **1991**, *113*, 361–363.

[8]   D. Enders, K. Breuer, G. Raabe, J. Runsink, J. H. Teles, J.-P. Melder, K. Ebel, S. Brode, *Angew. Chem.* **1995**, *107*, 1119–1122.

[9]   N. Kuhn, T. Kratz, *Synthesis* **1993**, 561–562.

[10] T. Dröge, F. Glorius, *Angew. Chem. Int. Ed.* **2010**, *49*, 6940–6952.

[11] S. Li, F. Yang, T. Lv, J. Lan, G. Gao, J. You, *Chem. Commun.* **2014**, *50*, 3941–3943.

[12] T. Lv, Z. Wang, J. You, J. Lan, G. Gao, *J. Org. Chem.* **2013**, *78*, 5723–5730.

[13] W. A. Herrmann, C. Köcher, L. J. Gooßen, G. R. J. Artus, *Chem. Eur. J.* **1996**, *2*, 1627–1636.

[14] V. P. W. Böhm, T. Weskamp, C. W. K. Gstöttmayr, W. A. Herrmann, *Angew. Chem. Int. Ed.* **2000**, *39*, 1602–1604.

[15] A. A. Gridnev, I. M. Mihaltseva, *Synth. Commun.* **1994**, *24*, 1547–1555.

[16] P. Queval, C. Jahier, M. Rouen, I. Artur, J.-C. Legeay, L. Falivene, L. Toupet, C. Crévisy, L. Cavallo, O. Baslé, *et al.*, *Angew. Chem. Int. Ed.* **2013**, *52*, 14103–14107.

[17] A. Fürstner, M. Alcarazo, V. César, C. W. Lehmann, *Chem. Commun.* **2006**, 2176–2178.

© Springer Fachmedien Wiesbaden GmbH, ein Teil von Springer Nature 2019
M. Wollenburg, *Neuartige Carbenliganden für die selektive Hydrierung von Aromaten*, BestMasters, https://doi.org/10.1007/978-3-658-24608-2

[18]   K. Hirano, S. Urban, C. Wang, F. Glorius, *Org. Lett.* **2009**, *11*, 1019–1022.

[19]   A. J. Arduengo, R. Krafczyk, R. Schmutzler, H. A. Craig, J. R. Goerlich, W. J. Marshall, M. Unverzagt, *Tetrahedron* **1999**, *55*, 14523–14534.

[20]   V. Jurčík, M. Gilani, R. Wilhelm, *Eur. J. Org. Chem.* **2006**, 5103–5109.

[21]   K. M. Kuhn, R. H. Grubbs, *Org. Lett.* **2008**, *10*, 2075–2077.

[22]   R. Jazzar, H. Liang, B. Donnadieu, G. Bertrand, *J. Organomet. Chem.* **2006**, *691*, 3201–3205.

[23]   H.-W. Wanzlick, H.-J. Schönherr, *Angew. Chem. Int. Ed.* **1968**, *7*, 141–142.

[24]   K. Öfele, *J. Organomet. Chem.* **1968**, *12*, 42–43.

[25]   D. J. Cardin, B. Cetinkaya, M. F. Lappert, L. Manojlović-Muir, K. W. Muir, *J. Chem. Soc. D* **1971**, 400–401.

[26]   W. A. Herrmann, *Angew. Chem. Int. Ed.* **2002**, *41*, 1290–1309.

[27]   S. Díez-González, N. Marion, S. P. Nolan, *Chem. Rev.* **2009**, *109*, 3612–3676.

[28]   F. Glorius, *N-Heterocyclic Carbenes in Transition Metal Catalysis*, Springer, Berlin, Heidelberg, **2007**.

[29]   D. J. Nelson, S. P. Nolan, *Chem. Soc. Rev.* **2013**, *42*, 6723–6753.

[30]   C. A. Tolman, *Chem. Rev.* **1977**, *77*, 313–348.

[31]   D. G. Gusev, *Organometallics* **2009**, *28*, 6458–6461.

[32]   S. Díez-González, S. P. Nolan, *Coord. Chem. Rev.* **2007**, *251*, 874–883.

[33]   H. Clavier, S. P. Nolan, *Chem. Commun.* **2010**, *46*, 841–861.

[34]   E. A. B. Kantchev, C. J. O'Brien, M. G. Organ, *Angew. Chem. Int. Ed.* **2007**, *46*, 2768–2813.

[35]   A. C. Chen, L. Ren, A. Decken, C. M. Crudden, *Organometallics* **2000**, *19*, 3459–3461.

[36]   G. C. Vougioukalakis, R. H. Grubbs, *Chem. Rev.* **2010**, *110*, 1746–1787.

[37]   D. Janssen-Müller, C. Schlepphorst, F. Glorius, *Chem. Soc. Rev.* **2017**, *46*, 4845–4854.

[38]   F. Wang, L. Liu, W. Wang, S. Li, M. Shi, *Coord. Chem. Rev.* **2012**, *256*, 804–853.

[39]   N. Kuhn, A. Al-Sheikh, *Coord. Chem. Rev.* **2005**, *249*, 829–857.

[40]   D. Enders, O. Niemeier, A. Henseler, *Chem. Rev.* **2007**, *107*, 5606–5655.

[41]   N. Marion, S. Díez-González, S. P. Nolan, *Angew. Chem. Int. Ed.* **2007**, *46*, 2988–3000.

[42]   X. Bugaut, F. Glorius, *Chem. Soc. Rev.* **2012**, *41*, 3511–3522.

[43]   F. Glorius, *Org. Biomol. Chem.* **2005**, *3*, 4171–4175.

[44]   Y.-G. Zhou, *Acc. Chem. Res.* **2007**, *40*, 1357–1366.

[45]   D.-S. Wang, Q.-A. Chen, S.-M. Lu, Y.-G. Zhou, *Chem. Rev.* **2012**, *112*, 2557–2590.

[46]   Z.-P. Chen, Y.-G. Zhou, *Synthesis* **2016**, *48*, 1769–1781.

[47]   N. B. Johnson, I. C. Lennon, P. H. Moran, J. A. Ramsden, *Acc. Chem. Res.* **2007**, *40*, 1291–1299.

[48]   H. Shimizu, I. Nagasaki, K. Matsumura, N. Sayo, T. Saito, *Acc. Chem. Res.* **2007**, *40*, 1385–1393.

[49]   W. S. Knowles, *Angew. Chem. Int. Ed.* **2002**, *41*, 1998–2007.

[50]   R. Noyori, *Angew. Chem. Int. Ed.* **2002**, *41*, 2008–2022.

[51]   A. R. Katritzky, K. Jug, D. C. Oniciu, *Chem. Rev.* **2001**, *101*, 1421–1450.

[52]   S. Murata, T. Sugimoto, S. Matsuura, *Heterocycles* **1987**, *26*, 763–766.

[53]   T. Ohta, T. Miyake, N. Seido, H. Kumobayashi, H. Takaya, *J. Org. Chem.* **1995**, *60*, 357–363.

[54]   C. Bianchini, P. Barbaro, G. Scapacci, E. Farnetti, M. Graziani, *Organometallics* **1998**, *17*, 3308–3310.

[55]   R. Fuchs, *Verfahren zur Herstellung von Opt. Akt. 2-Piperazincarbonsäurederivaten* **1997**, European Patent Application EP 0803502 A2.

[56]   W. Zhang, Y. Chi, X. Zhang, *Acc. Chem. Res.* **2007**, *40*, 1278–1290.

[57]   W. Tang, X. Zhang, *Chem. Rev.* **2003**, *103*, 3029–3070.

[58]   D. Zhao, L. Candish, D. Paul, F. Glorius, *ACS Catal.* **2016**, *6*, 5978–5988.

[59]   M. T. Powell, D.-R. Hou, M. C. Perry, X. Cui, K. Burgess, *J. Am. Chem. Soc.* **2001**, *123*, 8878–8879.

[60]   E. Bappert, G. Helmchen, *Synlett* **2004**, 1789–1793.

[61]   A. Schumacher, M. Bernasconi, A. Pfaltz, *Angew. Chem. Int. Ed.* **2013**, *52*, 7422–7425.

[62]   A. F. Borowski, S. Sabo-Etienne, B. Chaudret, *J. Mol. Catal. A: Chem.* **2001**, *174*, 69–79.

[63]   A. F. Borowski, S. Sabo-Etienne, B. Donnadieu, B. Chaudret, *Organometallics* **2003**, *22*, 1630–1637.

[64]   D. Paul, B. Beiring, M. Plois, N. Ortega, S. Kock, D. Schlüns, J. Neuge-bauer, R. Wolf, F. Glorius, *Organometallics* **2016**, *35*, 3641–3646.

[65]   J. John, C. Wilson-Konderka, C. Metallinos, *Adv. Synth. Catal.* **2015**, *357*, 2071–2081.

[66]   S. Urban, N. Ortega, F. Glorius, *Angew. Chem. Int. Ed.* **2011**, *50*, 3803–3806.

[67]   N. Ortega, S. Urban, B. Beiring, F. Glorius, *Angew. Chem. Int. Ed.* **2012**, *51*, 1710–1713.

[68]   J. Wysocki, N. Ortega, F. Glorius, *Angew. Chem. Int. Ed.* **2014**, *53*, 8751–8755.

[69]   N. Ortega, B. Beiring, S. Urban, F. Glorius, *Tetrahedron* **2012**, *68*, 5185–5192.

[70]   S. Urban, B. Beiring, N. Ortega, D. Paul, F. Glorius, *J. Am. Chem. Soc.* **2012**, *134*, 15241–15244.

[71]   N. Ortega, D.-T. D. Tang, S. Urban, D. Zhao, F. Glorius, *Angew. Chem. Int. Ed.* **2013**, *52*, 9500–9503.

[72]   J. Wysocki, C. Schlepphorst, F. Glorius, *Synlett* **2015**, *26*, 1557–1562.

[73]   D. Zhao, B. Beiring, F. Glorius, *Angew. Chem. Int. Ed.* **2013**, *52*, 8454–8458.

[74]   W. Li, C. Schlepphorst, C. Daniliuc, F. Glorius, *Angew. Chem. Int. Ed.* **2016**, *55*, 3300–3303.

[75]   W. Li, M. P. Wiesenfeldt, F. Glorius, *J. Am. Chem. Soc.* **2017**, *139*, 2585–2588.

[76]   S. Urban, N. Ortega, B. Beiring, J. Wysocki, D. Paul, C. Schlepphorst, W. Li, M. P. Wiesenfeldt, *Unpublizierte Ergebnisse*.

[77]   D. Paul, C. Schlepphorst, W. Li, *Unpublizierte Ergebnisse*.

[78]   G. Liu, D. A. Cogan, J. A. Ellman, *J. Am. Chem. Soc.* **1997**, *119*, 9913–9914.

[79] G. Borg, D. A. Cogan, J. A. Ellman, *Tetrahedron Lett.* **1999**, *40*, 6709–6712.

[80] T. M. Krülle, O. Barba, S. H. Davis, G. Dawson, M. J. Procter, T. Staroske, G. H. Thomas, *Tetrahedron Lett.* **2007**, *48*, 1537–1540.

[81] Y. Gnas, F. Glorius, *Synthesis* **2006**, 1899–1930.

[82] M. M. Heravi, V. Zadsirjan, B. Farajpour, *RSC Adv.* **2016**, *6*, 30498–30551.

[83] D. A. Evans, J. Bartroli, T. L. Shih, *J. Am. Chem. Soc.* **1981**, *103*, 2127–2129.

[84] D. A. Evans, M. D. Ennis, D. J. Mathre, *J. Am. Chem. Soc.* **1982**, *104*, 1737–1739.

[85] D. A. Evans, K. T. Chapman, J. Bisaha, *J. Am. Chem. Soc.* **1984**, *106*, 4261–4263.

[86] F. Glorius, N. Spielkamp, S. Holle, R. Goddard, C. W. Lehmann, *Angew. Chem. Int. Ed.* **2004**, *43*, 2850–2852.

[87] M. E. Dyen, D. Swern, *Chem. Rev.* **1967**, *67*, 197–246.

[88] D. J. Ager, I. Prakash, D. R. Schaad, *Chem. Rev.* **1996**, *96*, 835–876.

[89] L. N. Pridgen, J. Prol, B. Alexander, L. Gillyard, *J. Org. Chem.* **1989**, *54*, 3231–3233.

[90] A. Correa, J.-N. Denis, A. E. Greene, *Synth. Commun.* **1991**, *21*, 1–9.

[91] J. R. Gage, D. A. Evans, *Org. Synth.* **1990**, *68*, 77.

[92] B. Gabriele, G. Salerno, D. Brindisi, M. Costa, G. P. Chiusoli, *Org. Lett.* **2000**, *2*, 625–627.

[93] J.-M. Liu, X.-G. Peng, J.-H. Liu, S.-Z. Zheng, W. Sun, C.-G. Xia, *Tetrahedron Lett.* **2007**, *48*, 929–932.

[94] M. A. Casadei, M. Feroci, A. Inesi, L. Rossi, G. Sotgiu, *J. Org. Chem.* **2000**, *65*, 4759–4761.

[95] C. J. Dinsmore, S. P. Mercer, *Org. Lett.* **2004**, *6*, 2885–2888.

[96] S. W. Foo, Y. Takada, Y. Yamazaki, S. Saito, *Tetrahedron Lett.* **2013**, *54*, 4717–4720.

[97] Y.-M. Shen, W.-L. Duan, M. Shi, *Eur. J. Org. Chem.* **2004**, 3080–3089.

[98] A. W. Miller, S. T. Nguyen, *Org. Lett.* **2004**, *6*, 2301–2304.

[99]   C. Phung, R. M. Ulrich, M. Ibrahim, N. T. G. Tighe, D. L. Lieberman,
        A. R. Pinhas, *Green Chem.* **2011**, *13*, 3224–3229.

[100]   Q. Wang, X. Tan, Z. Zhu, X.-Q. Dong, X. Zhang, *Tetrahedron Lett.*
        2016, *57*, 658–662.

[101]   W. Li, *Unpublizierte Ergebnisse.*

[102]   V. Lavallo, Y. Canac, C. Präsang, B. Donnadieu, G. Bertrand, *Angew.
        Chem. Int. Ed.* **2005**, *44*, 5705–5709.

[103]   M. Melaimi, M. Soleilhavoup, G. Bertrand, *Angew. Chem. Int. Ed.* **2010**,
        49, 8810–8849.

[104]   M. Melaimi, R. Jazzar, M. Soleilhavoup, G. Bertrand, *Angew. Chem. Int.
        Ed.* **2017**, *56*, 10046–10068.

[105]   U. S. D. Paul, U. Radius, *Eur. J. Inorg. Chem.* **2017**, 3362–3375.

[106]   B. Rao, H. Tang, X. Zeng, L. Liu, M. Melaimi, G. Bertrand, *Angew.
        Chem. Int. Ed.* **2015**, *54*, 14915–14919.

[107]   M. Soleilhavoup, G. Bertrand, *Acc. Chem. Res.* **2015**, *48*, 256–266.

[108]   S. Roy, K. C. Mondal, H. W. Roesky, *Acc. Chem. Res.* **2016**, *49*, 357–
        369.

[109]   R. Jazzar, R. D. Dewhurst, J.-B. Bourg, B. Donnadieu, Y. Canac, G.
        Bertrand, *Angew. Chem. Int. Ed.* **2007**, *46*, 2899–2902.

[110]   X. Cattoën, S. Solé, C. Pradel, H. Gornitzka, K. Miqueu, D. Bourissou,
        G. Bertrand, *J. Org. Chem.* **2003**, *68*, 911–914.

[111]   J. Chu, D. Munz, R. Jazzar, M. Melaimi, G. Bertrand, *J. Am. Chem. Soc.*
        2016, *138*, 7884–7887.

[112]   E. Tomás-Mendivil, M. M. Hansmann, C. M. Weinstein, R. Jazzar, M.
        Melaimi, G. Bertrand, *J. Am. Chem. Soc.* **2017**, *139*, 7753–7756.

[113]   Y. Wei, B. Rao, X. Cong, X. Zeng, *J. Am. Chem. Soc.* **2015**, *137*, 9250–
        9253.

[114]   M. P. Wiesenfeldt, Z. Nairoukh, W. Li, F. Glorius, *Science* **2017**, *357*,
        908–912.

[115]   A. R. Pinder, *Synthesis* **1980**, 425–452.

[116]   F. Alonso, I. P. Beletskaya, M. Yus, *Chem. Rev.* **2002**, *102*, 4009–4092.

[117]   M. K. Whittlesey, E. Peris, *ACS Catal.* **2014**, *4*, 3152–3159.

[118] X.-P. Song, X.-T. Jiao, M.-Y. Huang, Y.-Y. Jiang, *Makromol. Chem., Rapid Commun.* **1993**, *14*, 29–31.

[119] T. Yuan, H. Gong, K. Kailasam, Y. Zhao, A. Thomas, J. Zhu, *J. Catal.* **2015**, *326*, 38–42.

[120] S. M. Baghbanian, M. Farhang, S. M. Vahdat, M. Tajbakhsh, *J. Mol. Catal. A: Chem.* **2015**, *407*, 128–136.

[121] C. J. Elsevier, J. Reedijk, P. H. Walton, M. D. Ward, *Dalton Trans.* **2003**, 1869–1880.

[122] R. Martin, S. L. Buchwald, *Acc. Chem. Res.* **2008**, *41*, 1461–1473.

[123] R. J. Lundgren, M. Stradiotto, *Chem. Eur. J.* **2012**, *18*, 9758–9769.

[124] C. Valente, S. Çalimsiz, K. H. Hoi, D. Mallik, M. Sayah, M. G. Organ, *Angew. Chem. Int. Ed.* **2012**, *51*, 3314–3332.

[125] G. Altenhoff, R. Goddard, C. W. Lehmann, F. Glorius, *J. Am. Chem. Soc.* **2004**, *126*, 15195–15201.

[126] S. Würtz, C. Lohre, R. Fröhlich, K. Bergander, F. Glorius, *J. Am. Chem. Soc.* **2009**, *131*, 8344–8345.

[127] C. J. O'Brien, E. A. B. Kantchev, C. Valente, N. Hadei, G. A. Chass, A. Lough, A. C. Hopkinson, M. G. Organ, *Chem. Eur. J.* **2006**, *12*, 4743–4748.

[128] M. G. Organ, S. Çalimsiz, M. Sayah, K. H. Hoi, A. J. Lough, *Angew. Chem. Int. Ed.* **2009**, *48*, 2383–2387.

[129] S. J. Blanksby, G. B. Ellison, *Acc. Chem. Res.* **2003**, *36*, 255–263.

[130] M. P. Wiesenfeldt, *Unpublizierte Ergebnisse*.

[131] Y. D. Bidal, O. Santoro, M. Melaimi, D. B. Cordes, A. M. Z. Slawin, G. Bertrand, C. S. J. Cazin, *Chem. Eur. J.* **2016**, *22*, 9404–9409.

[132] J. P. Genêt, C. Pinel, V. Ratovelomanana-Vidal, S. Mallart, X. Pfister, M. C. C. De Andrade, J. A. Laffitte, *Tetrahedron: Asymmetry* **1994**, *5*, 665–674.

[133] D. T. Genna, G. H. Posner, *Org. Lett.* **2011**, *13*, 5358–5361.

[134] E. Moine, I. Dimier-Poisson, C. Enguehard-Gueiffier, C. Logé, M. Péni-chon, N. Moiré, C. Delehouzé, B. Foll-Josselin, S. Ruchaud, S. Bach, *et al.*, *Eur. J. Med. Chem.* **2015**, *105*, 80–105.

[135] J. Huang, J. Li, J. Zheng, W. Wu, W. Hu, L. Ouyang, H. Jiang, *Org. Lett.* **2017**, *19*, 3354–3357.

[136]   J. Jung, J. Kim, G. Park, Y. You, E. J. Cho, *Adv. Synth. Catal.* **2016**, *358*, 74–80.

[137]   T. Matsumoto, M. Ohishi, S. Inoue, *J. Org. Chem.* **1985**, *50*, 603–606.

[138]   M. S. Baker, S. T. Phillips, *J. Am. Chem. Soc.* **2011**, *133*, 5170–5173.

[139]   M. Iwao, *J. Org. Chem.* **1990**, *55*, 3622–3627.

[140]   S. Meiries, G. Le Duc, A. Chartoire, A. Collado, K. Speck, K. S. A. Arachchige, A. M. Z. Slawin, S. P. Nolan, *Chem. Eur. J.* **2013**, *19*, 17358–17368.

[141]   K.-I. Hong, H. Yoon, W.-D. Jang, *Chem. Commun.* **2015**, *51*, 7486–7488.

[142]   L. Xu, W. Yang, L. Zhang, M. Miao, Z. Yang, X. Xu, H. Ren, *J. Org. Chem.* **2014**, *79*, 9206–9221.

Anhang

Kristallographische Daten

2-(2,6-di(pentan-3-yl)phenyl)-3,3-dimethyl-2-azaspiro[4.5]dec-1-en-2-ium chloride (113)

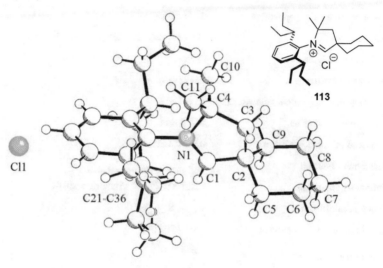

Table S1: Sample and crystal data for glo8950.

Identification code	glo8950
Chemical formula	$C_{27}H_{44}ClN+CHCl_3$
Formula weight	537.45 g/mol
Temperature	100(2) K
Wavelength	1.54178 Å
Crystal size	0.020 x 0.040 x 0.080 mm
Crystal habit	colorless needle
Crystal system	monoclinic
Space group	P 1 2₁/n 1
Unit cell dimensions	a = 10.1231(10) Å $\quad\quad$ $\alpha = 90°$
	b = 18.9284(15) Å $\quad\quad$ $\beta = 95.100(6)°$
	c = 15.8404(15) Å $\quad\quad$ $\gamma = 90°$
Volume	3023.2(5) Å³

© Springer Fachmedien Wiesbaden GmbH, ein Teil von Springer Nature 2019
M. Wollenburg, *Neuartige Carbenliganden für die selektive Hydrierung von Aromaten*, BestMasters, https://doi.org/10.1007/978-3-658-24608-2

Z	4
Density (calculated)	1.181 g/cm^3
Absorption coefficient	3.662 mm^{-1}
F(000)	1152

Table S2: Data collection and structure refinement for glo8950.

Theta range for data collection	3.65 to 66.71°
Index ranges	-11<=h<=12, -22<=k<=22, -18<=l<=18
Reflections collected	39546
Independent reflections	5332 [R(int) = 0.1260]
Coverage of independent reflections	99.6%
Absorption correction	multi-scan
Max. and min. transmission	0.9300 and 0.7580
Refinement method	Full-matrix least-squares on F^2
Refinement program	SHELXL-2014/7 (Sheldrick, 2014)
Function minimized	$\Sigma\ w(F_o^2 - F_c^2)^2$
Data / restraints / parameters	5332 / 90 / 305
Goodness-of-fit on F^2	1.614
Δ/σ_{max}	0.093
Final R indices	3460 data; I>2σ(I) R1 = 0.1681, wR2 = 0.3940
	all data R1 = 0.2067, wR2 = 0.4416
Weighting scheme	w=1/[$\sigma^2(F_o^2)$+(0.2000P)^2]where P=(F_o^2+2F_c^2)/3
Extinction coefficient	0.0550(60)
Largest diff. peak and hole	4.256 and -0.556 eÅ^{-3}
R.M.S. deviation from mean	0.221 eÅ^{-3}

Table S3: Bond lengths (Å) for glo8950.

N1-C1	1.266(11)	N1-C21	1.476(12)
N1-C4	1.561(12)	C1-C2	1.461(13)
C1-H1	0.95	C2-C9	1.530(14)
C2-C3	1.558(15)	C2-C5	1.546(14)

C3-C4	1.518(14)	C3-H3A	0.99
C3-H3B	0.99	C4-C10	1.460(15)
C4-C11	1.532(14)	C5-C6	1.519(13)
C5-H5A	0.99	C5-H5B	0.99
C6-C7	1.436(15)	C6-H6A	0.99
C6-H6B	0.99	C7-C8	1.587(16)
C7-H7A	0.99	C7-H7B	0.99
C8-C9	1.481(14)	C8-H8A	0.99
C8-H8B	0.99	C9-H9A	0.99
C9-H9B	0.99	C10-H10A	0.98
C10-H10B	0.98	C10-H10C	0.98
C11-H11A	0.98	C11-H11B	0.98
C11-H11C	0.98	C21-C26	1.387(15)
C21-C22	1.388(15)	C22-C23	1.368(14)
C22-C27	1.564(16)	C23-C24	1.404(18)
C23-H23	0.95	C24-C25	1.401(18)
C24-H24	0.95	C25-C26	1.399(15)
C25-H25	0.95	C26-C32	1.520(16)
C27-C30	1.530(15)	C27-C28	1.545(15)
C27-H27	1.0	C28-C29	1.499(17)
C28-H28A	0.99	C28-H28B	0.99
C29-H29A	0.98	C29-H29B	0.98
C29-H29C	0.98	C30-C31	1.500(17)
C30-H30A	0.99	C30-H30B	0.99
C31-H31A	0.98	C31-H31B	0.98
C31-H31C	0.98	C32-C33	1.488(18)
C32-C35	1.551(18)	C32-H32	1.0
C33-C34	1.59(2)	C33-H33A	0.99
C33-H33B	0.99	C34-H34A	0.98
C34-H34B	0.98	C34-H34C	0.98
C35-C36	1.58(2)	C35-H35A	0.99
C35-H35B	0.99	C36-H36A	0.98
C36-H36B	0.98	C36-H36C	0.98
C41-Cl4	1.734(14)	C41-Cl2	1.758(14)
C41-Cl3	1.731(14)	C41-H41	1.0

Table S4: Bond angles (°) for glo8950.

C1-N1-C21	125.5(8)	C1-N1-C4	111.0(8)
C21-N1-C4	123.4(7)	N1-C1-C2	116.0(9)
N1-C1-H1	122.0	C2-C1-H1	122.0
C1-C2-C9	109.9(8)	C1-C2-C3	101.9(8)
C9-C2-C3	113.7(9)	C1-C2-C5	110.0(8)

C9-C2-C5	109.3(8)	C3-C2-C5	111.8(8)
C4-C3-C2	107.0(9)	C4-C3-H3A	110.3
C2-C3-H3A	110.3	C4-C3-H3B	110.3
C2-C3-H3B	110.3	H3A-C3-H3B	108.6
C10-C4-C3	112.8(9)	C10-C4-C11	107.9(9)
C3-C4-C11	114.3(9)	C10-C4-N1	109.9(9)
C3-C4-N1	100.9(8)	C11-C4-N1	110.9(8)
C6-C5-C2	111.6(9)	C6-C5-H5A	109.3
C2-C5-H5A	109.3	C6-C5-H5B	109.3
C2-C5-H5B	109.3	H5A-C5-H5B	108.0
C7-C6-C5	112.7(9)	C7-C6-H6A	109.1
C5-C6-H6A	109.0	C7-C6-H6B	109.0
C5-C6-H6B	109.0	H6A-C6-H6B	107.8
C6-C7-C8	111.2(9)	C6-C7-H7A	109.4
C8-C7-H7A	109.4	C6-C7-H7B	109.4
C8-C7-H7B	109.4	H7A-C7-H7B	108.0
C9-C8-C7	109.9(9)	C9-C8-H8A	109.7
C7-C8-H8A	109.7	C9-C8-H8B	109.7
C7-C8-H8B	109.7	H8A-C8-H8B	108.2
C8-C9-C2	114.1(9)	C8-C9-H9A	108.7
C2-C9-H9A	108.7	C8-C9-H9B	108.7
C2-C9-H9B	108.7	H9A-C9-H9B	107.6
C4-C10-H10A	109.5	C4-C10-H10B	109.5
H10A-C10-H10B	109.5	C4-C10-H10C	109.5
H10A-C10-H10C	109.5	H10B-C10-H10C	109.5
C4-C11-H11A	109.5	C4-C11-H11B	109.5
H11A-C11-H11B	109.5	C4-C11-H11C	109.5
H11A-C11-H11C	109.5	H11B-C11-H11C	109.5
C26-C21-C22	122.9(10)	C26-C21-N1	119.0(10)
C22-C21-N1	118.1(9)	C23-C22-C21	119.4(11)
C23-C22-C27	116.5(11)	C21-C22-C27	124.1(9)
C22-C23-C24	119.5(12)	C22-C23-H23	120.2
C24-C23-H23	120.2	C23-C24-C25	120.3(11)
C23-C24-H24	119.8	C25-C24-H24	119.8
C24-C25-C26	120.3(12)	C24-C25-H25	119.8
C26-C25-H25	119.9	C21-C26-C25	117.4(12)
C21-C26-C32	126.5(10)	C25-C26-C32	115.9(10)
C30-C27-C22	111.9(9)	C30-C27-C28	110.4(10)
C22-C27-C28	108.6(9)	C30-C27-H27	108.6
C22-C27-H27	108.6	C28-C27-H27	108.6
C29-C28-C27	112.9(10)	C29-C28-H28A	109.0
C27-C28-H28A	109.0	C29-C28-H28B	109.0
C27-C28-H28B	109.0	H28A-C28-H28B	107.8
C28-C29-H29A	109.5	C28-C29-H29B	109.5

H29A-C29-H29B	109.5	C28-C29-H29C	109.5
H29A-C29-H29C	109.5	H29B-C29-H29C	109.5
C31-C30-C27	114.8(10)	C31-C30-H30A	108.5
C27-C30-H30A	108.5	C31-C30-H30B	108.6
C27-C30-H30B	108.6	H30A-C30-H30B	107.5
C30-C31-H31A	109.4	C30-C31-H31B	109.5
H31A-C31-H31B	109.5	C30-C31-H31C	109.5
H31A-C31-H31C	109.5	H31B-C31-H31C	109.5
C33-C32-C26	114.5(11)	C33-C32-C35	108.0(11)
C26-C32-C35	111.4(11)	C33-C32-H32	107.6
C26-C32-H32	107.6	C35-C32-H32	107.6
C32-C33-C34	111.9(11)	C32-C33-H33A	109.3
C34-C33-H33A	109.3	C32-C33-H33B	109.2
C34-C33-H33B	109.2	H33A-C33-H33B	107.9
C33-C34-H34A	109.4	C33-C34-H34B	109.5
H34A-C34-H34B	109.5	C33-C34-H34C	109.5
H34A-C34-H34C	109.5	H34B-C34-H34C	109.5
C32-C35-C36	112.8(14)	C32-C35-H35A	109.0
C36-C35-H35A	109.1	C32-C35-H35B	109.0
C36-C35-H35B	109.0	H35A-C35-H35B	107.8
C35-C36-H36A	109.4	C35-C36-H36B	109.5
H36A-C36-H36B	109.5	C35-C36-H36C	109.5
H36A-C36-H36C	109.5	H36B-C36-H36C	109.5
Cl4-C41-Cl2	111.3(8)	Cl4-C41-Cl3	109.5(8)
Cl2-C41-Cl3	109.4(7)	Cl4-C41-H41	108.9
Cl2-C41-H41	108.9	Cl3-C41-H41	108.9

Table S5:   Torsion angles (°) for glo8950.

C21-N1-C1-C2	-176.4(9)	C4-N1-C1-C2	4.1(12)
N1-C1-C2-C9	-113.4(10)	N1-C1-C2-C3	7.5(11)
N1-C1-C2-C5	126.2(9)	C1-C2-C3-C4	-16.0(10)
C9-C2-C3-C4	102.2(10)	C5-C2-C3-C4	-133.4(9)
C2-C3-C4-C10	-99.6(10)	C2-C3-C4-C11	136.7(9)
C2-C3-C4-N1	17.6(10)	C1-N1-C4-C10	105.4(10)
C21-N1-C4-C10	-74.2(12)	C1-N1-C4-C3	-13.9(11)
C21-N1-C4-C3	166.6(9)	C1-N1-C4-C11	-135.4(9)
C21-N1-C4-C11	45.1(12)	C1-C2-C5-C6	173.1(8)
C9-C2-C5-C6	52.3(11)	C3-C2-C5-C6	-74.5(11)
C2-C5-C6-C7	-56.8(12)	C5-C6-C7-C8	56.6(12)
C6-C7-C8-C9	-54.9(12)	C7-C8-C9-C2	53.9(13)
C1-C2-C9-C8	-174.4(9)	C3-C2-C9-C8	72.1(12)
C5-C2-C9-C8	-53.6(12)	C1-N1-C21-C26	-88.9(13)

C4-N1-C21-C26	90.6(12)	C1-N1-C21-C22	92.2(12)
C4-N1-C21-C22	-88.3(11)	C26-C21-C22-C23	-5.2(15)
N1-C21-C22-C23	173.7(9)	C26-C21-C22-C27	173.3(9)
N1-C21-C22-C27	-7.8(14)	C21-C22-C23-C24	2.1(15)
C27-C22-C23-C24	-176.5(10)	C22-C23-C24-C25	1.6(18)
C23-C24-C25-C26	-2.6(18)	C22-C21-C26-C25	4.2(15)
N1-C21-C26-C25	-174.7(9)	C22-C21-C26-C32	-169.2(11)
N1-C21-C26-C32	11.9(16)	C24-C25-C26-C21	-0.2(16)
C24-C25-C26-C32	173.9(11)	C23-C22-C27-C30	-50.9(13)
C21-C22-C27-C30	130.6(11)	C23-C22-C27-C28	71.3(12)
C21-C22-C27-C28	-107.3(11)	C30-C27-C28-C29	-173.6(10)
C22-C27-C28-C29	63.4(13)	C22-C27-C30-C31	-166.1(10)
C28-C27-C30-C31	72.8(13)	C21-C26-C32-C33	113.3(13)
C25-C26-C32-C33	-60.1(14)	C21-C26-C32-C35	-123.8(13)
C25-C26-C32-C35	62.8(14)	C26-C32-C33-C34	-51.7(15)
C35-C32-C33-C34	-176.4(12)	C33-C32-C35-C36	-74.4(16)
C26-C32-C35-C36	159.1(13)		

2-(2,6-Diisopropylphenyl)-4-(3,5-dimethylphenyl)-1,1-diphenyl-1*H*-isoindol-2-ium triflate (121)

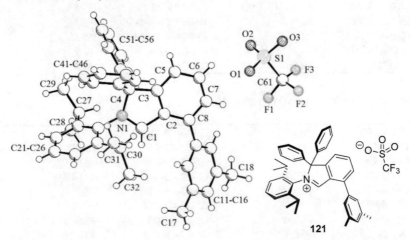

Table S6:   Crystal data and structure refinement for glo8944.

Identification code	glo8944
Empirical formula	$C_{41}H_{40}F_3NO_3S$

Formula weight	683.80
Temperature	173(2) K
Wavelength	0.71073 Å
Crystal system, space group	monoclinic, $P2_1/c$ (No. 14)
Unit cell dimensions	a = 22.2292(3) Å
	b = 18.8222(3) Å β = 108.328(1)°
	c = 18.1676(2) Å
Volume	7215.76(17) Å^3
Z, Calculated density	8, 1.259 Mg/m^3
Absorption coefficient	0.144 mm^{-1}
F(000)	2880
Crystal size	0.23 x 0.12 x 0.06 mm
Theta range for data collection	3.65 to 25.00°
Limiting indices	26<=h<=26, -18<=k<=22, -21<=l<=21
Reflections collected / unique	21417 / 12611 [R(int) = 0.055]
Completeness to theta = 25.00	99.3%
Absorption correction	Semi-empirical from equivalents
Max. and min. transmission	0.9914 and 0.9676
Refinement method	Full-matrix least-squares on F^2
Data / restraints / parameters	12611 / 0 / 895
Goodness-of-fit on F^2	1.063
Final R indices [I>2σ(I)]	R1 = 0.0532, wR^2 = 0.1160
R indices (all data)	R1 = 0.0726, wR^2 = 0.1289
Largest diff. peak and hole	0.342 and -0.398 e.Å^{-3}

Table S7: Atomic coordinates ($\times$ 10^4) and equivalent isotropic displacement parameters (Å^2 $\times$ 10^3) for glo8944. U(eq) is defined as one third of the trace of the orthogonalized U$_{ij}$ tensor.

	x	y	z	U(eq)
N(1)	7284(1)	8913(1)	9227(1)	31(1)
C(1)	7016(1)	8295(1)	9203(1)	33(1)
C(2)	6680(1)	8077(1)	8430(1)	34(1)
C(3)	6747(1)	8615(1)	7938(1)	36(1)
C(4)	7132(1)	9222(1)	8399(1)	32(1)
C(5)	6426(1)	8577(2)	7151(2)	45(1)
C(6)	6056(1)	7977(2)	6877(2)	52(1)
C(7)	6002(1)	7439(2)	7371(2)	49(1)
C(8)	6311(1)	7464(1)	8163(2)	40(1)
C(11)	6265(1)	6892(1)	8703(2)	41(1)
C(12)	6808(1)	6619(1)	9245(2)	45(1)
C(13)	6767(1)	6104(1)	9775(2)	49(1)
C(14)	6169(1)	5856(2)	9741(2)	53(1)
C(15)	5623(1)	6110(2)	9208(2)	48(1)
C(16)	5671(1)	6631(1)	8684(2)	44(1)
C(17)	7357(2)	5831(2)	10375(2)	69(1)
C(18)	4981(2)	5853(2)	9205(2)	64(1)

C(21)	7792(1)	9146(1)	9913(1)	33(1)
C(22)	7693(1)	9694(1)	10384(1)	35(1)
C(23)	8214(1)	9901(2)	11006(2)	45(1)
C(24)	8791(1)	9568(2)	11165(2)	55(1)
C(25)	8862(1)	9007(2)	10710(2)	54(1)
C(26)	8370(1)	8781(1)	10072(2)	42(1)
C(27)	7056(1)	10041(1)	10282(1)	35(1)
C(28)	6880(1)	10005(2)	11034(2)	50(1)
C(29)	7041(1)	10817(1)	10027(2)	45(1)
C(30)	8478(1)	8137(2)	9619(2)	51(1)
C(31)	9071(1)	8215(2)	9370(2)	67(1)
C(32)	8521(2)	7460(2)	10103(2)	70(1)
C(41)	7752(1)	9391(1)	8234(1)	36(1)
C(42)	7924(1)	9019(2)	7669(2)	49(1)
C(43)	8473(2)	9194(2)	7503(2)	62(1)
C(44)	8858(2)	9733(2)	7897(2)	62(1)
C(45)	8696(1)	10106(2)	8462(2)	51(1)
C(46)	8145(1)	9937(1)	8630(2)	42(1)
C(51)	6677(1)	9861(1)	8286(1)	32(1)
C(52)	6772(1)	10484(1)	7931(2)	41(1)
C(53)	6331(1)	11032(2)	7799(2)	51(1)
C(54)	5791(1)	10954(2)	8008(2)	52(1)
C(55)	5684(1)	10329(2)	8342(2)	44(1)
C(56)	6116(1)	9780(1)	8474(1)	36(1)
S(1)	5654(1)	6847(1)	4905(1)	34(1)
O(1)	6310(1)	6798(1)	5357(1)	52(1)
O(2)	5322(1)	7446(1)	5071(1)	43(1)
O(3)	5519(1)	6688(1)	4094(1)	49(1)
C(61)	5291(1)	6106(2)	5246(2)	45(1)
F(1)	5427(1)	6115(1)	6013(1)	81(1)
F(2)	5501(1)	5486(1)	5064(1)	75(1)
F(3)	4665(1)	6105(1)	4936(1)	61(1)
N(1A)	2420(1)	6250(1)	1538(1)	27(1)
C(1A)	2153(1)	5639(1)	1567(1)	28(1)
C(2A)	1798(1)	5389(1)	816(1)	30(1)
C(3A)	1853(1)	5894(1)	278(1)	30(1)
C(4A)	2247(1)	6520(1)	689(1)	28(1)
C(5A)	1514(1)	5824(1)	-499(1)	36(1)
C(6A)	1121(1)	5235(1)	-722(2)	41(1)
C(7A)	1068(1)	4731(1)	-186(2)	41(1)
C(8A)	1406(1)	4785(1)	597(1)	33(1)
C(11A)	1347(1)	4246(1)	1167(2)	36(1)
C(12A)	1882(1)	3968(1)	1721(2)	40(1)
C(13A)	1826(1)	3471(1)	2263(2)	48(1)
C(14A)	1222(2)	3265(1)	2237(2)	55(1)
C(15A)	680(1)	3528(1)	1688(2)	55(1)
C(16A)	748(1)	4015(1)	1147(2)	45(1)
C(17A)	2404(2)	3169(2)	2857(2)	73(1)
C(18A)	24(2)	3301(2)	1677(3)	87(1)
C(21A)	2922(1)	6536(1)	2199(1)	29(1)
C(22A)	2780(1)	7077(1)	2648(1)	32(1)
C(23A)	3289(1)	7343(1)	3251(1)	41(1)

C(24A)	3895(1)	7080(2)	3405(2)	45(1)
C(25A)	4010(1)	6529(1)	2968(1)	42(1)
C(26A)	3530(1)	6235(1)	2359(1)	32(1)
C(27A)	2119(1)	7355(1)	2550(1)	34(1)
C(28A)	1951(1)	7251(2)	3298(2)	47(1)
C(29A)	2054(1)	8139(1)	2317(2)	44(1)
C(30A)	3680(1)	5604(1)	1923(1)	35(1)
C(31A)	4315(1)	5690(2)	1761(2)	44(1)
C(32A)	3687(1)	4913(1)	2369(2)	43(1)
C(41A)	2854(1)	6663(1)	493(1)	30(1)
C(42A)	3249(1)	7228(1)	835(1)	34(1)
C(43A)	3799(1)	7358(1)	651(2)	42(1)
C(44A)	3970(1)	6923(2)	138(2)	44(1)
C(45A)	3583(1)	6361(1)	-200(2)	41(1)
C(46A)	3029(1)	6230(1)	-27(1)	34(1)
C(51A)	1789(1)	7163(1)	552(1)	29(1)
C(52A)	1213(1)	7080(1)	702(1)	34(1)
C(53A)	764(1)	7609(2)	510(2)	44(1)
C(54A)	870(1)	8229(1)	154(2)	44(1)
C(55A)	1434(1)	8309(1)	-4(2)	42(1)
C(56A)	1891(1)	7780(1)	193(1)	34(1)
S(1A)	502(1)	5747(1)	1926(1)	36(1)
O(1A)	313(1)	5863(1)	1103(1)	51(1)
O(2A)	164(1)	5194(1)	2180(1)	44(1)
O(3A)	1175(1)	5766(1)	2302(1)	44(1)
C(61A)	227(1)	6544(2)	2283(2)	49(1)
F(1A)	-399(1)	6621(1)	1974(1)	80(1)
F(2A)	489(1)	7132(1)	2106(1)	60(1)
F(3A)	358(1)	6533(1)	3049(1)	75(1)

Table S8:   Bond lengths [Å] and angles [°] for glo8944.

N(1)-C(1)	1.302(3)
N(1)-C(21)	1.462(3)
N(1)-C(4)	1.548(3)
C(1)-C(2)	1.431(3)
C(1)-H(1)	0.9500
C(2)-C(3)	1.390(4)
C(2)-C(8)	1.409(3)
C(3)-C(5)	1.385(3)
C(3)-C(4)	1.513(3)
C(4)-C(41)	1.532(3)
C(4)-C(51)	1.542(3)
C(5)-C(6)	1.393(4)
C(5)-H(5)	0.9500
C(6)-C(7)	1.384(4)
C(6)-H(6)	0.9500
C(7)-C(8)	1.387(4)
C(7)-H(7)	0.9500
C(8)-C(11)	1.482(4)

C(11)-C(12)	1.393(4)
C(11)-C(16)	1.400(4)
C(12)-C(13)	1.389(4)
C(12)-H(12)	0.9500
C(13)-C(14)	1.391(4)
C(13)-C(17)	1.508(4)
C(14)-C(15)	1.379(4)
C(14)-H(14)	0.9500
C(15)-C(16)	1.394(4)
C(15)-C(18)	1.505(4)
C(16)-H(16)	0.9500
C(17)-H(17A)	0.9800
C(17)-H(17B)	0.9800
C(17)-H(17C)	0.9800
C(18)-H(18A)	0.9800
C(18)-H(18B)	0.9800
C(18)-H(18C)	0.9800
C(21)-C(22)	1.401(3)
C(21)-C(26)	1.402(3)
C(22)-C(23)	1.395(3)
C(22)-C(27)	1.518(3)
C(23)-C(24)	1.374(4)
C(23)-H(23)	0.9500
C(24)-C(25)	1.381(4)
C(24)-H(24)	0.9500
C(25)-C(26)	1.388(4)
C(25)-H(25)	0.9500
C(26)-C(30)	1.527(4)
C(27)-C(29)	1.529(3)
C(27)-C(28)	1.535(3)
C(27)-H(27)	10.000
C(28)-H(28A)	0.9800
C(28)-H(28B)	0.9800
C(28)-H(28C)	0.9800
C(29)-H(29A)	0.9800
C(29)-H(29B)	0.9800
C(29)-H(29C)	0.9800
C(30)-C(31)	1.530(4)
C(30)-C(32)	1.534(4)
C(30)-H(30)	10.000
C(31)-H(31A)	0.9800
C(31)-H(31B)	0.9800
C(31)-H(31C)	0.9800
C(32)-H(32A)	0.9800
C(32)-H(32B)	0.9800
C(32)-H(32C)	0.9800
C(41)-C(46)	1.393(4)
C(41)-C(42)	1.393(3)
C(42)-C(43)	1.386(4)
C(42)-H(42)	0.9500
C(43)-C(44)	1.374(5)
C(43)-H(43)	0.9500

C(44)-C(45)	1.383(4)
C(44)-H(44)	0.9500
C(45)-C(46)	1.388(4)
C(45)-H(45)	0.9500
C(46)-H(46)	0.9500
C(51)-C(52)	1.387(3)
C(51)-C(56)	1.400(3)
C(52)-C(53)	1.391(4)
C(52)-H(52)	0.9500
C(53)-C(54)	1.376(4)
C(53)-H(53)	0.9500
C(54)-C(55)	1.380(4)
C(54)-H(54)	0.9500
C(55)-C(56)	1.378(4)
C(55)-H(55)	0.9500
C(56)-H(56)	0.9500
S(1)-O(2)	1.4318(18)
S(1)-O(1)	1.4343(19)
S(1)-O(3)	1.4402(18)
S(1)-C(61)	1.816(3)
C(61)-F(3)	1.325(3)
C(61)-F(1)	1.330(3)
C(61)-F(2)	1.337(3)
N(1A)-C(1A)	1.301(3)
N(1A)-C(21A)	1.461(3)
N(1A)-C(4A)	1.553(3)
C(1A)-C(2A)	1.425(3)
C(1A)-H(1A)	0.9500
C(2A)-C(3A)	1.395(3)
C(2A)-C(8A)	1.412(3)
C(3A)-C(5A)	1.382(3)
C(3A)-C(4A)	1.517(3)
C(4A)-C(41A)	1.524(3)
C(4A)-C(51A)	1.550(3)
C(5A)-C(6A)	1.390(3)
C(5A)-H(5A)	0.9500
C(6A)-C(7A)	1.390(4)
C(6A)-H(6A)	0.9500
C(7A)-C(8A)	1.388(3)
C(7A)-H(7A)	0.9500
C(8A)-C(11A)	1.484(3)
C(11A)-C(16A)	1.392(3)
C(11A)-C(12A)	1.395(4)
C(12A)-C(13A)	1.392(4)
C(12A)-H(12A)	0.9500
C(13A)-C(14A)	1.385(4)
C(13A)-C(17A)	1.506(4)
C(14A)-C(15A)	1.391(4)
C(14A)-H(14A)	0.9500
C(15A)-C(16A)	1.386(4)
C(15A)-C(18A)	1.513(4)
C(16A)-H(16A)	0.9500

C(17A)-H(17D)	0.9800
C(17A)-H(17E)	0.9800
C(17A)-H(17F)	0.9800
C(18A)-H(18D)	0.9800
C(18A)-H(18E)	0.9800
C(18A)-H(18F)	0.9800
C(21A)-C(22A)	1.402(3)
C(21A)-C(26A)	1.408(3)
C(22A)-C(23A)	1.396(3)
C(22A)-C(27A)	1.517(3)
C(23A)-C(24A)	1.379(4)
C(23A)-H(23A)	0.9500
C(24A)-C(25A)	1.377(4)
C(24A)-H(24A)	0.9500
C(25A)-C(26A)	1.389(3)
C(25A)-H(25A)	0.9500
C(26A)-C(30A)	1.523(3)
C(27A)-C(29A)	1.530(3)
C(27A)-C(28A)	1.532(3)
C(27A)-H(27A)	10.000
C(28A)-H(28D)	0.9800
C(28A)-H(28E)	0.9800
C(28A)-H(28F)	0.9800
C(29A)-H(29D)	0.9800
C(29A)-H(29E)	0.9800
C(29A)-H(29F)	0.9800
C(30A)-C(32A)	1.530(3)
C(30A)-C(31A)	1.537(3)
C(30A)-H(30A)	10.000
C(31A)-H(31D)	0.9800
C(31A)-H(31E)	0.9800
C(31A)-H(31F)	0.9800
C(32A)-H(32D)	0.9800
C(32A)-H(32E)	0.9800
C(32A)-H(32F)	0.9800
C(41A)-C(46A)	1.394(3)
C(41A)-C(42A)	1.395(3)
C(42A)-C(43A)	1.387(3)
C(42A)-H(42A)	0.9500
C(43A)-C(44A)	1.380(4)
C(43A)-H(43A)	0.9500
C(44A)-C(45A)	1.381(4)
C(44A)-H(44A)	0.9500
C(45A)-C(46A)	1.384(3)
C(45A)-H(45A)	0.9500
C(46A)-H(46A)	0.9500
C(51A)-C(56A)	1.387(3)
C(51A)-C(52A)	1.399(3)
C(52A)-C(53A)	1.375(3)
C(52A)-H(52A)	0.9500
C(53A)-C(54A)	1.390(4)
C(53A)-H(53A)	0.9500

C(54A)-C(55A)	1.380(4)
C(54A)-H(54A)	0.9500
C(55A)-C(56A)	1.386(3)
C(55A)-H(55A)	0.9500
C(56A)-H(56A)	0.9500
S(1A)-O(3A)	1.4350(18)
S(1A)-O(1A)	1.4382(18)
S(1A)-O(2A)	1.4419(18)
S(1A)-C(61A)	1.815(3)
C(61A)-F(3A)	1.330(3)
C(61A)-F(1A)	1.333(3)
C(61A)-F(2A)	1.336(3)
C(1)-N(1)-C(21)	121.1(2)
C(1)-N(1)-C(4)	110.42(19)
C(21)-N(1)-C(4)	126.21(18)
N(1)-C(1)-C(2)	112.2(2)
N(1)-C(1)-H(1)	123.9
C(2)-C(1)-H(1)	123.9
C(3)-C(2)-C(8)	122.9(2)
C(3)-C(2)-C(1)	107.2(2)
C(8)-C(2)-C(1)	129.9(2)
C(5)-C(3)-C(2)	120.1(2)
C(5)-C(3)-C(4)	129.0(2)
C(2)-C(3)-C(4)	110.5(2)
C(3)-C(4)-C(41)	115.78(19)
C(3)-C(4)-C(51)	106.36(19)
C(41)-C(4)-C(51)	113.9(2)
C(3)-C(4)-N(1)	99.58(18)
C(41)-C(4)-N(1)	109.41(18)
C(51)-C(4)-N(1)	110.89(17)
C(3)-C(5)-C(6)	117.7(3)
C(3)-C(5)-H(5)	121.1
C(6)-C(5)-H(5)	121.1
C(7)-C(6)-C(5)	121.6(3)
C(7)-C(6)-H(6)	119.2
C(5)-C(6)-H(6)	119.2
C(6)-C(7)-C(8)	122.1(3)
C(6)-C(7)-H(7)	118.9
C(8)-C(7)-H(7)	118.9
C(7)-C(8)-C(2)	115.5(2)
C(7)-C(8)-C(11)	123.2(2)
C(2)-C(8)-C(11)	121.3(2)
C(12)-C(11)-C(16)	119.3(3)
C(12)-C(11)-C(8)	120.7(2)
C(16)-C(11)-C(8)	120.0(2)
C(13)-C(12)-C(11)	121.1(3)
C(13)-C(12)-H(12)	119.5
C(11)-C(12)-H(12)	119.5
C(12)-C(13)-C(14)	118.3(3)
C(12)-C(13)-C(17)	120.5(3)
C(14)-C(13)-C(17)	121.2(3)
C(15)-C(14)-C(13)	122.2(3)

C(15)-C(14)-H(14)	118.9
C(13)-C(14)-H(14)	118.9
C(14)-C(15)-C(16)	118.9(3)
C(14)-C(15)-C(18)	121.0(3)
C(16)-C(15)-C(18)	120.0(3)
C(15)-C(16)-C(11)	120.2(3)
C(15)-C(16)-H(16)	119.9
C(11)-C(16)-H(16)	119.9
C(13)-C(17)-H(17A)	109.5
C(13)-C(17)-H(17B)	109.5
H(17A)-C(17)-H(17B)	109.5
C(13)-C(17)-H(17C)	109.5
H(17A)-C(17)-H(17C)	109.5
H(17B)-C(17)-H(17C)	109.5
C(15)-C(18)-H(18A)	109.5
C(15)-C(18)-H(18B)	109.5
H(18A)-C(18)-H(18B)	109.5
C(15)-C(18)-H(18C)	109.5
H(18A)-C(18)-H(18C)	109.5
H(18B)-C(18)-H(18C)	109.5
C(22)-C(21)-C(26)	123.0(2)
C(22)-C(21)-N(1)	120.9(2)
C(26)-C(21)-N(1)	116.1(2)
C(23)-C(22)-C(21)	116.8(2)
C(23)-C(22)-C(27)	118.9(2)
C(21)-C(22)-C(27)	124.2(2)
C(24)-C(23)-C(22)	121.7(3)
C(24)-C(23)-H(23)	119.2
C(22)-C(23)-H(23)	119.2
C(23)-C(24)-C(25)	119.9(3)
C(23)-C(24)-H(24)	120.1
C(25)-C(24)-H(24)	120.1
C(24)-C(25)-C(26)	121.7(3)
C(24)-C(25)-H(25)	119.2
C(26)-C(25)-H(25)	119.2
C(25)-C(26)-C(21)	116.9(2)
C(25)-C(26)-C(30)	118.5(2)
C(21)-C(26)-C(30)	124.5(2)
C(22)-C(27)-C(29)	112.2(2)
C(22)-C(27)-C(28)	111.2(2)
C(29)-C(27)-C(28)	108.9(2)
C(22)-C(27)-H(27)	108.2
C(29)-C(27)-H(27)	108.2
C(28)-C(27)-H(27)	108.2
C(27)-C(28)-H(28A)	109.5
C(27)-C(28)-H(28B)	109.5
H(28A)-C(28)-H(28B)	109.5
C(27)-C(28)-H(28C)	109.5
H(28A)-C(28)-H(28C)	109.5
H(28B)-C(28)-H(28C)	109.5
C(27)-C(29)-H(29A)	109.5
C(27)-C(29)-H(29B)	109.5

H(29A)-C(29)-H(29B)	109.5
C(27)-C(29)-H(29C)	109.5
H(29A)-C(29)-H(29C)	109.5
H(29B)-C(29)-H(29C)	109.5
C(26)-C(30)-C(31)	112.3(2)
C(26)-C(30)-C(32)	110.0(2)
C(31)-C(30)-C(32)	110.2(3)
C(26)-C(30)-H(30)	108.1
C(31)-C(30)-H(30)	108.1
C(32)-C(30)-H(30)	108.1
C(30)-C(31)-H(31A)	109.5
C(30)-C(31)-H(31B)	109.5
H(31A)-C(31)-H(31B)	109.5
C(30)-C(31)-H(31C)	109.5
H(31A)-C(31)-H(31C)	109.5
H(31B)-C(31)-H(31C)	109.5
C(30)-C(32)-H(32A)	109.5
C(30)-C(32)-H(32B)	109.5
H(32A)-C(32)-H(32B)	109.5
C(30)-C(32)-H(32C)	109.5
H(32A)-C(32)-H(32C)	109.5
H(32B)-C(32)-H(32C)	109.5
C(46)-C(41)-C(42)	118.5(2)
C(46)-C(41)-C(4)	120.6(2)
C(42)-C(41)-C(4)	120.8(2)
C(43)-C(42)-C(41)	120.4(3)
C(43)-C(42)-H(42)	119.8
C(41)-C(42)-H(42)	119.8
C(44)-C(43)-C(42)	120.7(3)
C(44)-C(43)-H(43)	119.7
C(42)-C(43)-H(43)	119.7
C(43)-C(44)-C(45)	119.7(3)
C(43)-C(44)-H(44)	120.1
C(45)-C(44)-H(44)	120.1
C(44)-C(45)-C(46)	120.1(3)
C(44)-C(45)-H(45)	120.0
C(46)-C(45)-H(45)	120.0
C(45)-C(46)-C(41)	120.7(2)
C(45)-C(46)-H(46)	119.7
C(41)-C(46)-H(46)	119.7
C(52)-C(51)-C(56)	118.9(2)
C(52)-C(51)-C(4)	122.1(2)
C(56)-C(51)-C(4)	118.7(2)
C(51)-C(52)-C(53)	120.3(2)
C(51)-C(52)-H(52)	119.8
C(53)-C(52)-H(52)	119.8
C(54)-C(53)-C(52)	120.2(3)
C(54)-C(53)-H(53)	119.9
C(52)-C(53)-H(53)	119.9
C(53)-C(54)-C(55)	119.8(3)
C(53)-C(54)-H(54)	120.1
C(55)-C(54)-H(54)	120.1

C(56)-C(55)-C(54)	120.6(2)
C(56)-C(55)-H(55)	119.7
C(54)-C(55)-H(55)	119.7
C(55)-C(56)-C(51)	120.1(2)
C(55)-C(56)-H(56)	120.0
C(51)-C(56)-H(56)	120.0
O(2)-S(1)-O(1)	115.44(12)
O(2)-S(1)-O(3)	115.09(11)
O(1)-S(1)-O(3)	114.87(12)
O(2)-S(1)-C(61)	102.57(12)
O(1)-S(1)-C(61)	103.70(12)
O(3)-S(1)-C(61)	102.57(12)
F(3)-C(61)-F(1)	108.0(2)
F(3)-C(61)-F(2)	107.2(2)
F(1)-C(61)-F(2)	106.8(2)
F(3)-C(61)-S(1)	112.10(19)
F(1)-C(61)-S(1)	111.6(2)
F(2)-C(61)-S(1)	110.90(19)
C(1A)-N(1A)-C(21A)	122.11(19)
C(1A)-N(1A)-C(4A)	110.83(18)
C(21A)-N(1A)-C(4A)	125.62(17)
N(1A)-C(1A)-C(2A)	112.0(2)
N(1A)-C(1A)-H(1A)	124.0
C(2A)-C(1A)-H(1A)	124.0
C(3A)-C(2A)-C(8A)	122.3(2)
C(3A)-C(2A)-C(1A)	107.5(2)
C(8A)-C(2A)-C(1A)	130.0(2)
C(5A)-C(3A)-C(2A)	120.7(2)
C(5A)-C(3A)-C(4A)	128.4(2)
C(2A)-C(3A)-C(4A)	110.40(19)
C(3A)-C(4A)-C(41A)	116.07(19)
C(3A)-C(4A)-C(51A)	106.19(18)
C(41A)-C(4A)-C(51A)	114.14(18)
C(3A)-C(4A)-N(1A)	99.14(17)
C(41A)-C(4A)-N(1A)	109.18(17)
C(51A)-C(4A)-N(1A)	111.13(17)
C(3A)-C(5A)-C(6A)	117.6(2)
C(3A)-C(5A)-H(5A)	121.2
C(6A)-C(5A)-H(5A)	121.2
C(5A)-C(6A)-C(7A)	121.6(2)
C(5A)-C(6A)-H(6A)	119.2
C(7A)-C(6A)-H(6A)	119.2
C(8A)-C(7A)-C(6A)	122.0(2)
C(8A)-C(7A)-H(7A)	119.0
C(6A)-C(7A)-H(7A)	119.0
C(7A)-C(8A)-C(2A)	115.8(2)
C(7A)-C(8A)-C(11A)	121.8(2)
C(2A)-C(8A)-C(11A)	122.4(2)
C(16A)-C(11A)-C(12A)	119.5(2)
C(16A)-C(11A)-C(8A)	119.3(2)
C(12A)-C(11A)-C(8A)	121.2(2)
C(13A)-C(12A)-C(11A)	121.1(2)

C(13A)-C(12A)-H(12A)	119.5
C(11A)-C(12A)-H(12A)	119.5
C(14A)-C(13A)-C(12A)	117.8(3)
C(14A)-C(13A)-C(17A)	121.2(3)
C(12A)-C(13A)-C(17A)	121.0(3)
C(13A)-C(14A)-C(15A)	122.4(3)
C(13A)-C(14A)-H(14A)	118.8
C(15A)-C(14A)-H(14A)	118.8
C(16A)-C(15A)-C(14A)	118.7(3)
C(16A)-C(15A)-C(18A)	119.8(3)
C(14A)-C(15A)-C(18A)	121.4(3)
C(15A)-C(16A)-C(11A)	120.4(3)
C(15A)-C(16A)-H(16A)	119.8
C(11A)-C(16A)-H(16A)	119.8
C(13A)-C(17A)-H(17D)	109.5
C(13A)-C(17A)-H(17E)	109.5
H(17D)-C(17A)-H(17E)	109.5
C(13A)-C(17A)-H(17F)	109.5
H(17D)-C(17A)-H(17F)	109.5
H(17E)-C(17A)-H(17F)	109.5
C(15A)-C(18A)-H(18D)	109.5
C(15A)-C(18A)-H(18E)	109.5
H(18D)-C(18A)-H(18E)	109.5
C(15A)-C(18A)-H(18F)	109.5
H(18D)-C(18A)-H(18F)	109.5
H(18E)-C(18A)-H(18F)	109.5
C(22A)-C(21A)-C(26A)	123.2(2)
C(22A)-C(21A)-N(1A)	119.6(2)
C(26A)-C(21A)-N(1A)	117.21(19)
C(23A)-C(22A)-C(21A)	116.3(2)
C(23A)-C(22A)-C(27A)	118.9(2)
C(21A)-C(22A)-C(27A)	124.7(2)
C(24A)-C(23A)-C(22A)	121.9(2)
C(24A)-C(23A)-H(23A)	119.0
C(22A)-C(23A)-H(23A)	119.0
C(25A)-C(24A)-C(23A)	120.0(2)
C(25A)-C(24A)-H(24A)	120.0
C(23A)-C(24A)-H(24A)	120.0
C(24A)-C(25A)-C(26A)	121.6(2)
C(24A)-C(25A)-H(25A)	119.2
C(26A)-C(25A)-H(25A)	119.2
C(25A)-C(26A)-C(21A)	116.9(2)
C(25A)-C(26A)-C(30A)	119.1(2)
C(21A)-C(26A)-C(30A)	124.0(2)
C(22A)-C(27A)-C(29A)	111.7(2)
C(22A)-C(27A)-C(28A)	110.5(2)
C(29A)-C(27A)-C(28A)	109.9(2)
C(22A)-C(27A)-H(27A)	108.2
C(29A)-C(27A)-H(27A)	108.2
C(28A)-C(27A)-H(27A)	108.2
C(27A)-C(28A)-H(28D)	109.5
C(27A)-C(28A)-H(28E)	109.5

H(28D)-C(28A)-H(28E)	109.5
C(27A)-C(28A)-H(28F)	109.5
H(28D)-C(28A)-H(28F)	109.5
H(28E)-C(28A)-H(28F)	109.5
C(27A)-C(29A)-H(29D)	109.5
C(27A)-C(29A)-H(29E)	109.5
H(29D)-C(29A)-H(29E)	109.5
C(27A)-C(29A)-H(29F)	109.5
H(29D)-C(29A)-H(29F)	109.5
H(29E)-C(29A)-H(29F)	109.5
C(26A)-C(30A)-C(32A)	110.84(19)
C(26A)-C(30A)-C(31A)	112.4(2)
C(32A)-C(30A)-C(31A)	109.5(2)
C(26A)-C(30A)-H(30A)	108.0
C(32A)-C(30A)-H(30A)	108.0
C(31A)-C(30A)-H(30A)	108.0
C(30A)-C(31A)-H(31D)	109.5
C(30A)-C(31A)-H(31E)	109.5
H(31D)-C(31A)-H(31E)	109.5
C(30A)-C(31A)-H(31F)	109.5
H(31D)-C(31A)-H(31F)	109.5
H(31E)-C(31A)-H(31F)	109.5
C(30A)-C(32A)-H(32D)	109.5
C(30A)-C(32A)-H(32E)	109.5
H(32D)-C(32A)-H(32E)	109.5
C(30A)-C(32A)-H(32F)	109.5
H(32D)-C(32A)-H(32F)	109.5
H(32E)-C(32A)-H(32F)	109.5
C(46A)-C(41A)-C(42A)	118.4(2)
C(46A)-C(41A)-C(4A)	120.8(2)
C(42A)-C(41A)-C(4A)	120.8(2)
C(43A)-C(42A)-C(41A)	120.5(2)
C(43A)-C(42A)-H(42A)	119.7
C(41A)-C(42A)-H(42A)	119.7
C(44A)-C(43A)-C(42A)	120.5(2)
C(44A)-C(43A)-H(43A)	119.7
C(42A)-C(43A)-H(43A)	119.7
C(43A)-C(44A)-C(45A)	119.4(2)
C(43A)-C(44A)-H(44A)	120.3
C(45A)-C(44A)-H(44A)	120.3
C(44A)-C(45A)-C(46A)	120.6(2)
C(44A)-C(45A)-H(45A)	119.7
C(46A)-C(45A)-H(45A)	119.7
C(45A)-C(46A)-C(41A)	120.5(2)
C(45A)-C(46A)-H(46A)	119.7
C(41A)-C(46A)-H(46A)	119.7
C(56A)-C(51A)-C(52A)	118.7(2)
C(56A)-C(51A)-C(4A)	122.3(2)
C(52A)-C(51A)-C(4A)	118.5(2)
C(53A)-C(52A)-C(51A)	120.4(2)
C(53A)-C(52A)-H(52A)	119.8
C(51A)-C(52A)-H(52A)	119.8

C(52A)-C(53A)-C(54A)	120.7(2)
C(52A)-C(53A)-H(53A)	119.6
C(54A)-C(53A)-H(53A)	119.6
C(55A)-C(54A)-C(53A)	119.1(2)
C(55A)-C(54A)-H(54A)	120.5
C(53A)-C(54A)-H(54A)	120.5
C(54A)-C(55A)-C(56A)	120.6(2)
C(54A)-C(55A)-H(55A)	119.7
C(56A)-C(55A)-H(55A)	119.7
C(55A)-C(56A)-C(51A)	120.5(2)
C(55A)-C(56A)-H(56A)	119.8
C(51A)-C(56A)-H(56A)	119.8
O(3A)-S(1A)-O(1A)	114.26(11)
O(3A)-S(1A)-O(2A)	115.83(11)
O(1A)-S(1A)-O(2A)	115.57(11)
O(3A)-S(1A)-C(61A)	103.15(12)
O(1A)-S(1A)-C(61A)	102.94(13)
O(2A)-S(1A)-C(61A)	102.39(11)
F(3A)-C(61A)-F(1A)	107.4(2)
F(3A)-C(61A)-F(2A)	107.2(2)
F(1A)-C(61A)-F(2A)	106.5(2)
F(3A)-C(61A)-S(1A)	111.8(2)
F(1A)-C(61A)-S(1A)	111.4(2)
F(2A)-C(61A)-S(1A)	112.19(18)

Table S9: Anisotropic displacement parameters ($\text{Å}^2 \times 10^3$) for glo8944. The anisotropic displacement factor exponent takes the form:
$$-2\pi^2\,[\,h^2\,a^{*2}\,U_{11} + \ldots + 2\,h\,k\,a^*\,b^*\,U_{12}\,]$$

	U11	U22	U33	U23	U13	U12
N(1)	30(1)	33(1)	29(1)	-3(1)	9(1)	-1(1)
C(1)	32(1)	32(1)	38(1)	-4(1)	15(1)	1(1)
C(2)	30(1)	39(1)	36(1)	-9(1)	13(1)	-2(1)
C(3)	32(1)	42(1)	36(1)	11(1)	12(1)	0(1)
C(4)	34(1)	36(1)	28(1)	-1(1)	13(1)	2(1)
C(5)	45(2)	54(2)	34(1)	-6(1)	12(1)	0(1)
C(6)	49(2)	63(2)	38(2)	-18(1)	6(1)	-2(1)
C(7)	46(2)	50(2)	49(2)	-21(1)	11(1)	-11(1)
C(8)	35(1)	42(1)	46(2)	-15(1)	16(1)	-4(1)
C(11)	43(2)	34(1)	50(2)	-16(1)	20(1)	-5(1)
C(12)	40(2)	36(1)	60(2)	-13(1)	20(1)	-3(1)
C(13)	49(2)	37(2)	64(2)	-9(1)	20(2)	1(1)
C(14)	62(2)	38(2)	67(2)	-6(1)	31(2)	-2(1)
C(15)	45(2)	42(2)	64(2)	-15(1)	27(2)	-4(1)
C(16)	42(2)	38(1)	54(2)	-14(1)	18(1)	-3(1)
C(17)	62(2)	57(2)	83(2)	8(2)	15(2)	5(2)
C(18)	57(2)	58(2)	92(3)	-9(2)	43(2)	-7(2)
C(21)	32(1)	36(1)	29(1)	-2(1)	5(1)	-5(1)
C(22)	41(1)	33(1)	31(1)	-1(1)	12(1)	-6(1)

C(23)	47(2)	44(2)	39(2)	-8(1)	8(1)	-9(1)
C(24)	45(2)	61(2)	46(2)	-9(2)	-3(1)	-8(1)
C(25)	40(2)	55(2)	55(2)	-5(2)	-1(1)	3(1)
C(26)	37(1)	42(2)	41(2)	-2(1)	5(1)	1(1)
C(27)	40(1)	37(1)	32(1)	-7(1)	15(1)	-3(1)
C(28)	57(2)	56(2)	41(2)	-6(1)	24(1)	-7(1)
C(29)	52(2)	40(2)	46(2)	-5(1)	19(1)	-3(1)
C(30)	38(2)	51(2)	58(2)	-10(1)	5(1)	11(1)
C(31)	43(2)	77(2)	77(2)	-15(2)	14(2)	14(2)
C(32)	67(2)	47(2)	85(3)	-8(2)	9(2)	8(2)
C(41)	34(1)	43(1)	35(1)	-1(1)	14(1)	3(1)
C(42)	45(2)	59(2)	49(2)	-9(1)	25(1)	1(1)
C(43)	54(2)	91(2)	54(2)	-9(2)	34(2)	3(2)
C(44)	46(2)	86(2)	64(2)	1(2)	33(2)	-4(2)
C(45)	39(2)	62(2)	55(2)	0(2)	20(1)	-9(1)
C(46)	38(1)	47(2)	43(2)	-3(1)	16(1)	-2(1)
C(51)	32(1)	36(1)	27(1)	-3(1)	8(1)	1(1)
C(52)	40(2)	46(2)	40(2)	4(1)	14(1)	1(1)
C(53)	56(2)	45(2)	49(2)	9(1)	10(1)	5(1)
C(54)	47(2)	49(2)	52(2)	-4(1)	5(1)	12(1)
C(55)	32(1)	55(2)	44(2)	-8(1)	10(1)	4(1)
C(56)	35(1)	42(1)	31(1)	-3(1)	10(1)	-2(1)
S(1)	32(1)	36(1)	37(1)	0(1)	14(1)	-1(1)
O(1)	30(1)	59(1)	64(1)	5(1)	10(1)	-1(1)
O(2)	45(1)	39(1)	48(1)	-4(1)	18(1)	5(1)
O(3)	62(1)	51(1)	40(1)	-7(1)	25(1)	-6(1)
C(61)	39(2)	50(2)	47(2)	8(1)	11(1)	-2(1)
F(1)	96(2)	98(2)	50(1)	22(1)	25(1)	-26(1)
F(2)	68(1)	38(1)	122(2)	9(1)	33(1)	0(1)
F(3)	39(1)	65(1)	80(1)	11(1)	19(1)	-11(1)
N(1A)	29(1)	32(1)	22(1)	0(1)	9(1)	1(1)
C(1A)	29(1)	29(1)	30(1)	1(1)	14(1)	2(1)
C(2A)	26(1)	33(1)	31(1)	-3(1)	10(1)	-1(1)
C(3A)	26(1)	34(1)	30(1)	-3(1)	10(1)	-1(1)
C(4A)	31(1)	32(1)	22(1)	2(1)	8(1)	-4(1)
C(5A)	36(1)	45(1)	26(1)	-2(1)	7(1)	-3(1)
C(6A)	35(1)	52(2)	33(1)	-10(1)	4(1)	-3(1)
C(7A)	33(1)	41(1)	46(2)	-11(1)	8(1)	-6(1)
C(8A)	29(1)	35(1)	37(1)	-4(1)	13(1)	-1(1)
C(11A)	38(1)	28(1)	44(2)	-5(1)	16(1)	-3(1)
C(12A)	39(1)	32(1)	50(2)	-6(1)	15(1)	-2(1)
C(13A)	58(2)	33(1)	51(2)	-2(1)	15(1)	2(1)
C(14A)	73(2)	34(2)	68(2)	8(1)	36(2)	3(1)
C(15A)	54(2)	35(2)	86(2)	9(2)	36(2)	-1(1)
C(16A)	39(2)	31(1)	69(2)	0(1)	21(1)	-1(1)
C(17A)	78(2)	53(2)	72(2)	14(2)	0(2)	2(2)
C(18A)	63(2)	65(2)	147(4)	38(2)	54(2)	2(2)
C(21A)	32(1)	32(1)	21(1)	-1(1)	6(1)	-2(1)
C(22A)	37(1)	32(1)	25(1)	1(1)	9(1)	0(1)
C(23A)	48(2)	37(1)	34(1)	-9(1)	7(1)	1(1)
C(24A)	39(2)	50(2)	37(1)	-8(1)	-2(1)	-1(1)
C(25A)	36(1)	50(2)	35(1)	-3(1)	3(1)	5(1)

C(26A)	35(1)	34(1)	27(1)	2(1)	9(1)	2(1)
C(27A)	38(1)	38(1)	28(1)	-2(1)	11(1)	2(1)
C(28A)	58(2)	54(2)	36(2)	-5(1)	22(1)	-4(1)
C(29A)	49(2)	39(1)	46(2)	2(1)	17(1)	7(1)
C(30A)	35(1)	39(1)	28(1)	0(1)	7(1)	7(1)
C(31A)	44(2)	50(2)	42(2)	4(1)	17(1)	9(1)
C(32A)	50(2)	40(1)	43(2)	3(1)	19(1)	8(1)
C(41A)	30(1)	33(1)	26(1)	8(1)	10(1)	1(1)
C(42A)	34(1)	38(1)	31(1)	3(1)	9(1)	-2(1)
C(43A)	34(1)	44(2)	46(2)	11(1)	9(1)	-7(1)
C(44A)	33(1)	55(2)	46(2)	18(1)	18(1)	3(1)
C(45A)	40(1)	50(2)	39(2)	9(1)	21(1)	6(1)
C(46A)	36(1)	36(1)	32(1)	4(1)	13(1)	1(1)
C(51A)	30(1)	35(1)	22(1)	0(1)	7(1)	1(1)
C(52A)	33(1)	40(1)	32(1)	5(1)	12(1)	1(1)
C(53A)	32(1)	54(2)	46(2)	6(1)	16(1)	5(1)
C(54A)	41(2)	47(2)	44(2)	9(1)	12(1)	13(1)
C(55A)	46(2)	40(1)	42(2)	11(1)	17(1)	5(1)
C(56A)	35(1)	38(1)	31(1)	4(1)	15(1)	1(1)
S(1A)	31(1)	42(1)	35(1)	0(1)	12(1)	-3(1)
O(1A)	48(1)	69(1)	34(1)	2(1)	10(1)	-16(1)
O(2A)	41(1)	44(1)	48(1)	3(1)	17(1)	-8(1)
O(3A)	31(1)	49(1)	50(1)	-2(1)	11(1)	-1(1)
C(61A)	46(2)	48(2)	59(2)	4(1)	26(2)	1(1)
F(1A)	43(1)	69(1)	135(2)	15(1)	40(1)	14(1)
F(2A)	64(1)	41(1)	84(1)	4(1)	37(1)	-1(1)
F(3A)	116(2)	63(1)	63(1)	-8(1)	54(1)	3(1)

Table S10: Hydrogen coordinates ($\times 10^4$) and isotropic displacement parameters ($\text{Å}^2 \times 10^3$) for glo8944.

	x	y	z	U(eq)
H(1)	7041	8020	9653	40
H(5)	6456	8948	6809	53
H(6)	5837	7937	6338	62
H(7)	5744	7039	7161	59
H(12)	7212	6789	9252	53
H(14)	6137	5501	10098	63
H(16)	5298	6810	8312	53
H(17A)	7237	5523	10742	104
H(17B)	7605	6233	10656	104
H(17C)	7611	5560	10120	104
H(18A)	4890	5394	8938	97
H(18B)	4658	6199	8934	97
H(18C)	4978	5798	9740	97
H(23)	8168	10281	11328	54
H(24)	9140	9723	11588	66
H(25)	9259	8770	10836	65
H(27)	6726	9775	9871	43

H(28A)	6865	9507	11185	74
H(28B)	6464	10225	10949	74
H(28C)	7199	10260	11446	74
H(29A)	7352	11091	10431	68
H(29B)	6617	11013	9946	68
H(29C)	7146	10844	9543	68
H(30)	8104	8090	9140	62
H(31A)	9043	8654	9071	100
H(31B)	9104	7808	9048	100
H(31C)	9447	8233	9831	100
H(32A)	8894	7487	10567	105
H(32B)	8559	7045	9794	105
H(32C)	8138	7414	10257	105
H(42)	7664	8642	7395	58
H(43)	8584	8940	7113	75
H(44)	9235	9849	7781	74
H(45)	8961	10478	8737	61
H(46)	8035	10196	9017	50
H(52)	7140	10537	7776	50
H(53)	6403	11460	7563	62
H(54)	5492	11331	7922	62
H(55)	5310	10275	8483	53
H(56)	6033	9347	8692	43
H(1A)	2191	5390	2034	34
H(5A)	1548	6166	-868	43
H(6A)	882	5176	-1253	50
H(7A)	792	4338	-362	49
H(12A)	2291	4121	1728	48
H(14A)	1175	2932	2609	66
H(16A)	383	4192	761	55
H(17D)	2385	2649	2.834	110
H(17E)	2417	3328	3375	110
H(17F)	2785	3332	2747	110
H(18D)	-105	3580	2057	130
H(18E)	30	2795	1809	130
H(18F)	-277	3380	1159	130
H(23A)	3215	7716	3564 .	49
H(24A)	4233	7279	3812	55
H(25A)	4428	6345	3087	51
H(27A)	1812	7076	2129	41
H(28D)	1967	6744	3426	71
H(28E)	1522	7432	3225	71
H(28F)	2254	7510	3722	71
H(29D)	2345	8424	2729	66
H(29E)	1618	8296	2238	66
H(29F)	2158	8201	1835	66
H(30A)	3337	5566	1413	42
H(31D)	4330	6158	1531	67
H(31E)	4355	5319	1402	67
H(31F)	4664	5649	2249	67
H(32D)	4006	4947	2882	65
H(32E)	3792	4515	2083	65

H(32F)	3269	4834	2427	65
H(42A)	3141	7526	1196	41
H(43A)	4061	7750	881	50
H(44A)	4350	7009	19	52
H(45A)	3697	6061	-555	49
H(46A)	2766	5842	-266	41
H(52A)	1131	6656	938	41
H(53A)	377	7550	622	52
H(54A)	558	8593	22	53
H(55A)	1510	8729	-250	51
H(56A)	2278	7842	82	41

Printed in the United States
By Bookmasters